我国气象灾害防御能力评估研究与实证分析

肖　芳　吕丽莉　编著

气象出版社

China Meteorological Press

内容简介

本书对定量化开展气象灾害防御能力评估进行了有益探索，对近些年来气象灾害防御能力评估成果进行了系统归纳，为进一步深化气象灾害防御能力评估提供了借鉴，为气象灾害防御能力评估业务化、常态化提出了思路。本书主要内容包括气象灾害防御能力评估基本问题、研究进展、能力建设现状、试评估分析、评估指标重构与实证分析，以及新时代气象灾害防御能力建设的建议。本书可供气象灾害防御能力建设决策者、研究者参考，也可供自然灾害类、应急管理类专业教学和学员参考。

图书在版编目（ＣＩＰ）数据

我国气象灾害防御能力评估研究与实证分析 / 肖芳，吕丽莉编著. -- 北京 : 气象出版社，2022.12
　ISBN 978-7-5029-7896-9

　Ⅰ．①我… Ⅱ．①肖… ②吕… Ⅲ．①气象灾害－灾害防治－研究－中国 Ⅳ．①P429

中国国家版本馆CIP数据核字(2023)第005686号

Woguo Qixiang Zaihai Fangyu Nengli Pinggu Yanjiu yu Shizheng Fenxi
我国气象灾害防御能力评估研究与实证分析

出版发行：气象出版社

地　　址：北京市海淀区中关村南大街 46 号　　　**邮政编码**：100081
电　　话：010-68407112（总编室）　010-68408042（发行部）
网　　址：http://www.qxcbs.com　　　**E-mail**：qxcbs@cma.gov.cn
责任编辑：宿晓凤　　　　　　　　　　　　**终　　审**：张　斌
责任校对：张硕杰　　　　　　　　　　　　**责任技编**：赵相宁
封面设计：艺点设计
印　　刷：北京建宏印刷有限公司
开　　本：710 mm×1000 mm　1/16
字　　数：270 千字
版　　次：2022 年 12 月第 1 版　　　　　　**印　　次**：2022 年 12 月第 1 次印刷
定　　价：78.00 元

印　　张：13.5

《我国气象灾害防御能力评估研究与实证分析》
研 究 组

项目负责人： 肖　芳　吕丽莉

成　　　员（按姓氏笔画排名）：

于　丹　王　喆　巩在武　吕丽莉　李　萍

辛　源　杨　丹　肖　芳　郑治斌　张　阔

张丽杰　姜海如　童沁妍

统　　　稿： 肖　芳　吕丽莉　姜海如

前　言

现代气象灾害防御要实现"两个坚持、三个转变"，即坚持以防为主、防抗救相结合，坚持常态减灾和非常态救灾相统一，从注重灾后救助向注重灾前预防转变，从应对单一灾种向综合减灾转变，从减少灾害损失向减轻灾害风险转变，就必须全面推进气象灾害防御能力建设。而更科学有效地推进气象灾害防御能力建设，则需要科学开展气象灾害防御能力评估，对气象灾害防御能力发展水平作出科学判断，为气象灾害防御能力建设决策提供科学参考。

近些年来，气象部门坚持人民至上、生命至上的理念，不断加强气象灾害防御能力建设，同时非常重视气象灾害防御能力评估。各涉灾部门均结合气象灾害防御能力建设实际，逐步形成了常态化的气象灾害防御能力评估工作，并通过对评估成果的有效利用，提高了气象灾害防御能力建设决策水平，实现了气象灾害防御能力结构的不断优化，极大地提升了气象灾害防御能力。

气象部门一直高度重视气象灾害防御能力评估工作。在 20 世纪 80 年代，针对农业气象灾害评估，我国气象学者以灾害资料统计分析为基础，形成了主要农业气象灾害指标体系，在此基础上建立了各种农业气象灾害评价的数学模型，使灾害评价由定性逐渐向定量发展。其评估对象涉及干旱、洪涝、连阴雨、热带气旋、晚霜冻、干热风等多种农业气象灾害，并逐步向农业气象灾害防御能力评估延伸。在 20 世纪 90 年代气象部门实行目标管理以后，气象灾害防御能力建设被正式列入年度评价考核。

本书对定量化开展气象灾害防御能力评估进行了探索，对近些年来气象灾害防御能力评估成果进行了系统归纳，为进一步深化气象灾害防御能力评估提供了借鉴，为气象灾害防御能力评估业务化、常态化提出了思路。

进入 21 世纪，特别是在党的十八大以后，我国气象灾害应急管理和气象灾害风险管理被提到重要议事日程，气象灾害防御能力评估工作更加受到重视。2013年以来，中国气象局在年度气象现代化建设评估中直接把气象灾害防御能力作为重要评估考评内容，在编研年度气象发展报告中气象灾害防御能力建设也成为最重要的内容之一。本书编研人员中，肖芳、吕丽莉、王喆、于丹一直承担相关研究任务，因此，把 2014—2018 年气象灾害防御能力评估结果，经过系统整理在第4 章进行了展示。同时自 2013 年起，每年均设立有气象灾害防御能力评估软科学课题，对气象灾害防御能力水平进行科学评估，其中 2018、2019 年，中国气象局发展研究中心张洪广与南京信息工程大学李北群共同主持了《气象综合防灾减灾救灾能力评估系统研发》，该项目成果的主要贡献者有肖芳、张丽杰、吕丽莉、巩在武、童沁妍等，其研究成果经过整理成为本书第 5 章主要内容。

此外，本书第 1、2 章分别阐述了气象灾害防御能力评估的基本问题、研究进展，第 3 章分析了我国气象灾害防御能力建设现状，第 6 章阐述了新时代气象灾害防御能力建设的特征和主要思路，第 7 章提出了深化气象灾害防御能力评估的建议。

主编肖芳、吕丽莉为本书出版倾注了大量心力，从拟订大纲、组织撰写、统筹全稿，到严格审改把关、联系出版与有关协调做了大量工作，还直接承担了有关章节的编研。参与本书的作者还有（按姓氏笔画排名）：于丹、王喆、巩在武、李萍、辛源、杨丹、郑治斌、张阔、张丽杰、姜海如、童沁妍。本书的编研出版得到中国气象局气象发展与规划院、气象出版社的大力支持；程磊、廖军、张洪广、姜海如等专家在课题研究中给予了悉心指导。

本书在编写过程中参阅了大量文献，大部分引文在各章结尾作了标注，但由于所涉及的文献较多，部分引用资料未在标注中全列，在此一并表示衷心感谢。

由于气象灾害防御能力研究内容十分广泛，涉及的学科门类较多，研究还不够深入，研究成果尚存在较大的不确定性，故书中难免有不当和谬误之处，恳请读者、专家和同仁不吝赐教，给予批评指正。

编著者
2022 年 10 月

目　录

第 1 章
气象灾害防御能力评估基本问题

气象灾害防御能力始终是一个与社会生产力发展相适应的问题，而社会生产力发展水平则从根本上决定了气象灾害防御能力。气象灾害防御能力评估的实质，就是评估其与社会生产力发展相适应的程度及其减轻灾害风险、提高社会恢复力的能力。开展气象灾害防御能力评估研究，首先涉及一些基本概念。

1.1 气象灾害防御能力评估的相关概念

1.1.1 气象灾害

气象灾害发生频次高，危害大，是人类社会面临的主要灾害种类。关于气象灾害的定义，可以从不同角度进行表述。

（1）内涵判断式定义

《中国气象百科全书》称，气象灾害是指由气象因素直接或间接造成人员伤亡、财产损失和生存环境遭到破坏的事件。天气网气象百科称，气象灾害是指大气对人类的生命财产和国民经济建设及国防建设等造成的直接或间接的损害。它是自然灾害中的原生灾害之一，一般包括天气、气候灾害和气象次生、衍生灾害，是自然灾害中最为频繁而又非常严重的灾种。

（2）内涵判断＋列举式定义

百度百科称，气象灾害是指大气对人类的生命财产和国民经济建设及国防建设等造成的直接或间接的损害。气象灾害是自然灾害之一，主要包括暴雨、雨涝、干旱、干热风、高温热浪、热带气旋、冷害、冻害、冻雨、结冰、雪害、雹害、风害、龙卷风、雷电、连阴雨、浓雾、低空风切变等近20种气象灾害。

百度百科还将气象灾害分为两类，一类是天气、气候灾害，另一类是气象次生、衍生灾害。天气、气候灾害，是指因气象致灾因子直接造成的灾害。气象次生、衍生灾害，是指因气象因素及其引起的山体滑坡、泥石流、风暴潮、森林火灾、酸雨、空气污染等造成的灾害。

维基百科称，气象灾害（Meteorologic Disasters；Meteorological Disaster）是指由极端天气事件引起的大气环境（特别是其中与天气过程相关的）剧烈的、突然的破坏性变化。气象灾害是人类社会面临的主要灾害，可被分为20种具体灾种。如水灾主要有洪水、涝灾2种；旱灾包括土壤干旱、大气干旱2种；台风指来自热带海面上的飓风灾害；龙卷风包括陆龙卷与水龙卷2种；干热风是少雨偏干与一定的风力相结合形成的对农作物影响较大的灾害种类；暴风是能够造成损失的大风灾害；冷害包括冷空气、寒潮、冷雨等能够造成损失的灾害现象；冻害包括霜冻、冻雨、结冰、凌汛等能够造成损失的灾害现象；雪灾包括雪崩、草原白灾、草原黑灾等；雹灾包括冰雹、风雹2种；雷电即雷击及其他雷电引起的灾害现象；风沙即大风与沙尘相结合并造成损害后果的灾害现象。此外，还有多种其他气象灾害或混合型气象灾害，如暴风雪等。

（3）分类列举式定义

一种是细分类定义。如《自然灾害分类与代码》（GB/T 28921—2012）将自然灾害分为气象水文灾害、地质地震灾害、海洋灾害、生物灾害、生态环境灾害五大灾类。其中，气象水文灾害具体包括干旱灾害、洪涝灾害、台风灾害、暴雨灾害、大风灾害、冰雹灾害、雷电灾害、低温灾害、冰雪灾害、高温灾害、沙尘暴灾害、大雾灾害和其他气象水文灾害等灾种，而暴雨等气象因素引起的滑坡灾害、泥石流灾害仍归属于地质地震灾害灾类下的灾种，同时，雷电等引起的森林／草原火灾也归属于生物灾害灾类。

另一种是大分类，即划分气象灾害和气候灾害。目前，被国际上广泛使用的全球灾害数据库（EM-DAT）将自然灾害分为地球物理灾害、气象灾害、水文灾害、气候灾害和生物灾害五大类。其中，气象灾害是指由短暂的、小到中尺度的大气过程引起的灾害，包括台风、雷暴/雷电、雪暴、龙卷风等灾害，气候灾害是指由长期的、中到大尺度气候异常引起的灾害，包括极端温度、干旱和野火灾害。水文灾害包括了洪水，以及由降水等气象条件引起的滑坡、泥石流、崩塌、地表塌陷等衍生灾害。

还有《自然灾害管理基本术语》（GB/T 26376—2010）指出，自然灾害是由自然因素造成人类生命、财产、社会功能和生态环境等损害的事件或现象，自然灾害包括气象灾害、地震灾害、地质灾害、海洋灾害、生物灾害、森林或草原火灾。这里间接地表述了气象灾害是由气象因素造成人类生命、财产、社会功能和生态环境等损害的事件或现象。

（4）以法定形式列举定义

如《中国人民共和国气象法》（以下简称《气象法》）第四十一条规定，气象灾害是指台风、暴雨（雪）、寒潮、大风（沙尘暴）、低温、高温、干旱、雷电、冰雹、霜冻和大雾等所造成的灾害。《气象灾害防御条例》指出，气象灾害是指台风、暴雨（雪）、寒潮、大风（沙尘暴）、低温、高温、干旱、雷电、冰雹、霜冻和大雾等所造成的灾害，水旱灾害、地质灾害、海洋灾害、森林/草原火灾等因气象因素引发的衍生、次生灾害的防御工作，适用有关法律、行政法规的规定。《气象灾害预警信号图标》（GB/T 27962—2011）规定了包括台风、暴雨、暴雪、寒潮、大风、沙尘暴、高温、雷电、大雾、道路结冰、霜冻、干旱、冰雹和霾14种气象灾害的预警信号图标。

（5）定义小结

根据以上不同类别的表述可知，气象灾害具有以下共同特征：一是气象现象异常，包括天气现象和气候现象，有的通过内涵进行定义，有的则通过列举不同天气和气候异常现象进行定义，有的二者混合起来进行定义；二是异常气象现象必须造成直接的影响和损失后果，否则不构成灾害；三是气象异常现象造成的间接影响和损失后果，如因异常气象现象造成的地质灾害、海洋灾害、生物灾害、生态环境灾害，既可能发生衍生气象灾害（由原生气象灾害诱导出来的灾害），也可能发生次生气象灾害（指由于人们缺乏对原生灾害的了解，或受某些社会因素和心理影响等，造成的盲目避灾损失，以及人心浮动等一系列社会问题引起的灾害）。

综上所述，气象灾害兼具自然属性和社会属性。从广义上讲，气象灾害是指由气象因素造成的人们生命、财产、社会功能和生态环境等损害的事件或现象，既包括各种异常天气事件造成的灾害，也包括各种气候异常引起的灾害事件，还包括因气象异常而引起地质灾害、海洋灾害、生物灾害、生态环境灾害等事件。从狭义上讲，气象灾害是指因异常天气、气候现象直接造成损失或社会影响的灾害事件。如果把异常天气、气候现象通过列举展开，除了《气象法》列举的台风、暴雨（雪）、寒潮、大风（沙尘暴）、低温、高温、干旱、雷电、冰雹、霜冻和大雾11种主要气象灾害外，实际上还存在更多的气象灾害种类。气象灾害就是指由上述异常气象现象造成的损害事件或现象。

地球上人类活动难以承受的气象现象随时都在发生，但如果未发生在人类活动的时间和空间，则仅可被称为自然现象；若其给人类社会带来危害或造成损失，则构成气象灾害。这些危害或损失，包括以劳动为媒介的人与自然之间和人与人之间的关系。总之，气象现象异常对人类的生产和生活具有积极和消极作用的二重性，诸如暴雨即是水资源的来源，也是造成洪水灾害的致灾因素。但气象灾害则是消极的或具有破坏性的，它是人类与自然矛盾的一种表现形式，具有自然和社会两重属性，是人类过去、现在和将来都会面对的最严峻的挑战之一。

1.1.2　气象灾害防御

防御，现代汉语解释，即指防守抵御。最初为军事用语，防御有积极防御和消极防御之分。积极防御把防御和进攻辩证地统一起来，防御中有进攻，攻防结合，交替运用；消极防御，指不是为了转入反攻或进攻而进行的防御，在行动上采取消极的攻势行动，基本处于被动挨打的位置，其结果根本达不到防御的目的。防御的引伸义非常广泛，凡涉及为对付外侵、外扰而无意识或有意识保护自身安全或降低风险、减少伤害的反应或行动，均可称之为防御。

灾害，是指能够对人类和人类赖以生存的环境或经济社会活动，以及对人类本身造成破坏性影响的事物总称。也可以说是包括一切对自然生态环境、人类社会物质和精神文明建设，尤其是对人们生命财产等造成危害的天然事件和社会事件的集合。从广义上讲，灾害防御就是指社会或人们为避免各种自然的及社会的灾害发生，或减轻降低灾害可能造成的损失和产生危害所采取的一切措施和行动。

这里的灾害涉及范围非常广泛，气象灾害只是其中一个类别。

依据《中国气象百科全书》定义，气象灾害防御是指在气象灾害发生前、发生中和发生后，政府、社会各单位和公众采取的相关的各种防灾、减灾、抗灾、救灾措施及行动的总称。

通俗地讲，气象灾害防御就是指人们为避免或降低气象灾害侵害及其造成损失和影响所采取的相适应的举措或行动。定义中，主体"人们"包括政府、社会企事业组织、群众组织和公众等；"避免或降低气象灾害侵害或造成损失及影响"是指发生同等级异常气象现象时，受灾、侵害、损失或影响不发生或少发生，例如两次同等超强台风中进行有效防御的一次灾害损失显著减少；"所采取的相适应的举措或行动"中的"相适应"则非常关键，采取与当前社会生产力、技术力、经济力、人资源力和社会动员力水平等相适应的举措或行动，是推进气象灾害科学防御的发展方向。

气象灾害防御是一项系统性强、涉及面广、关注度高的综合性工作，不仅有度量的适应问题，更有措施和行动涉及领域广泛的问题。从实践分析，可以将气象灾害防御划分为以下三个类别。

（1）从工程视角划分

气象灾害防御一般可分为工程性措施和非工程性措施。工程主要是指为了满足人们生活、生产、生命和防护等需要，通过采取土木和建筑措施，建造各类设施与场所的全部过程，涵盖了地上、地下、陆地、水上、水下等各类建筑物、构筑物、工程物的建设，既包括工程建造过程中的勘测、设计、施工、养护、管理等各项技术活动，又包括建造过程中所耗的材料、设备与物品，展现的载体包括房屋、道路、铁路、机场、桥梁、水利、港口、隧道、给排水、防护等建筑物、构筑物、工程物及其设施与场所。工程性措施也分长远性、年代性、临时性和应急性工程措施。

气象灾害工程性防御，是指人们为了满足防御气象灾害需要，根据不同气象灾害的特点，通过采取土木和建筑措施建造各类设施与场所的全部过程，其展现的载体非常广泛，主要包括各类水利工程、农田基本建设工程、防台风工程、城市防洪排涝工程等。具体的气象灾害防御工程性措施通常通过修筑堤坝、疏通河道、垒砌海堤、兴建水库、兴修塘堰、开挖水渠等防灾减灾工程来预防和抵御气象灾害，保护人畜安全，避免财产损失，维护经济社会正常运转；通过植树造林、保护湿地、退田还湖、退耕还林还草、植树种草固沙等生态措施，改善地表和植被系统，达到调节气候环境、减少极端天气气候事件发生的频率和强度、降低气象灾害脆弱性的目的。此外，还包括现代设施农业建设、人工影响天气和防避雷电设施等。

相对于工程性防御而言，气象灾害非工程性防御则是指不通过采取建造各类建筑物、构筑物、工程物的设施的方法，而是通过采取法规、标准、规划、管理、组织、监测、预警、应急、调控、避灾、保险、社会参与等措施，达到气象灾害防御的目标。由此形成的气象灾害防御能力，一般称为气象灾害非工程性防御能力，是现代气象灾害防御能力评估的重要内容。具体的气象灾害非工程性防御措施，通常包括为防御气象灾害所制定的一系列方针政策、法律法规、制度预案、组织体系、预防应急救灾体系等制度性安排和措施，包括气象灾害监测预警、气象灾害预警信息发布与传播、气象灾害防御方案、气象灾害应急预案及实施、气象灾害群测群防体系、气象灾害科普教育、气象灾害防御法治、气象灾害防御标准和规划体系建设等内容。不同的气象灾害其防御措施不尽相同，影响中国的气象灾害主要有台风灾害、暴雨洪涝灾害、雪灾、寒潮灾害、风灾、沙尘暴灾害、冰冻灾害、高温热浪灾害、干旱灾害、雾害、霾害和雷电灾害等十几种，这些气象灾害都已根据其"灾害链"及社会关联性特征，形成了"预防为主、防抗结合"，部门间协同合作、政府民间上下联动的综合性防御措施。非工程性防御能力，一部分能够通过政府和社会的有效组织力量来实现，一部分则需要通过一些现代科技性的工程性措施才能获得，如增强气象灾害监测能力需要通过气象卫星、气象雷达和气象地面观测系统工程建设来实现。

气象灾害防御工程性和非工程性措施，是现代科学防御气象灾害的必然选择，在气象灾害防御中共同发挥作用。工程性措施能够通过非工程性措施达到最大化自身防御的目的，尤其是临时性和应急性工程措施，更需要非工程性措施的配合，否则可能造成过度防御的浪费或达不到防御的目的。非工程性措施也能通过工程性措施产生更大的防御效益。

（2）按时间先后划分

气象灾害防御一般可分为灾害发生前防御、灾害发生中防御和灾害发生后防御。气象灾害发生前的防御，具有预见性、主动性和超前性的特点，即常说的"防患于未然"。从气象灾害防御能力建设来讲，气象灾害发生前的防御能力建设非常重要且十分关键。但目前，灾前防御能力建设存在"四重四轻"现象：一是重工程性建设，轻非工程性建设。与防御性工程建设相比，法规、管理、组织、规划、监测、预警、应急、避灾、保险、社会参与等非工程性建设比较滞后，进入 21 世纪后才引起社会高度重视；二是重灾害防御的显性能力建设，轻隐性能力建设。气象灾害防御是由显性和隐性能力构成的庞大系统。由于显性能力建设便于检查、考核、评估，特别有利于提升社会显示度和管理认同度，因此受到了广泛的关注和重视。而隐性能力建设，如工程内在质量、地下防御工程、隐蔽防御设施、灾害防御教育及其他非工程性措施等，社会显示度不够高，则相对容易被忽视；三是重分工性防御能力建设，轻协同性防御能力建设。在灾害发生前主要是部门各干各事，分工负责，缺少协同方面的能力建设，在灾害发生中再强调部门协同就只能临时抱佛脚，十分影响气象灾害防御综合性能力的发挥；四是重行政部署，轻预测预警。以现有的气象科学技术水平，基本可实现绝大多数气象灾害提前三天以上的预报预警，但是如果没有行政部署，各管理部门和社会公众往往不会重视预警信息，难以形成"预警—及时响应"的联动。近些年发生的一些重大灾害致人员伤亡，充分佐证了这一观点。

在灾害发生中采取的防御措施或行动，既是对灾前工程防御措施的检验，也是对非工程性防御能力的考验。这一阶段既需要通过非工程性措施对灾前防御工程和资源进行科学调度与运用，又需要根据灾情发生实际情况的新特点采取新措施。精准的监测预报预警能力是灾害防御科学决策的基础和前提，是避免灾害防御不足或防御过当的决定性因素。这一阶段，主要存在如下三个问题：一是不重视监测预测预警，决策者随意性较大，容易出现过度防御情况；二是组织指挥秩序较混乱，头绪较多，特别是如果灾前从未开展过社会公众动员训练，灾中则很难临时组织动员群众；三是防灾、抗灾、避灾的临机选择指挥有时不明确，应根据不同灾种和灾害程度作出不同选择。在过往实际中，长期的指导思想是"抗灾"，对如何"防灾""避灾"往往考虑不多。近年来，在人与自然和谐理念的指导下，科学"避灾"已经成为重要选择。这一选择实际也是体现了气象灾害防御的科学决策能力。

灾害发生后的气象灾害防御重点较前两个阶段变化较大。一是应防止灾害面和损失进一步扩大；二是突出"救灾"，"抢救"生命更是首要任务，应充分考虑有效配置救灾资源，稳定社会情绪；三是防止次生灾害发生，气象灾害除直接摧毁设施和造成人民生命财产损失外，还可引发许多次生或衍生灾害，诸如瘟疫、病虫害、交通事故、电力事故等。

在灾前、灾中及灾后这三个不同的阶段，气象灾害防御能力建设的重点和要求均有所差别。这充分体现了气象灾害防御能力全面性和综合性特点。

（3）从主被动性划分

气象灾害防御从广义上包括了防、抗、避、救的措施或行动：

● "防"就是预防、防备，一般出现在灾害发生前，实际上就是"以防或以备"，即以主动的措施处理属于被动地位的事件发生。

● "抗"就是阻抗、抵抗、对抗，一般发生在灾害临近发生时或灾害发生中，就是动用各种抗灾资源，与灾害作斗争，使灾害不发生或降低灾害风险程度。对一定强度范围内的气象灾害，"抗"是非常重要的选择，是人类力量的重要体现，但"一味地抗"并非科学决策。

● "避"就是避让、避开、走避，一般发生在灾害发生前或发生中，选择避开灾害风头，或撤离或躲避或放弃，从广义上讲，"避"也是"防"发生更大风险的一种选择。选择这种方式要注意避免过度防御，以防群众产生对立情绪。

● "救"就是抢救、补救、救援、救护、救济，一般发生在灾害发生中或发生后。但灾害发生前就需要有充分准备，在灾害发生中就可以视情况开始实施。"救灾"是灾害发生中或发生后最重要的工作，最容易受到社会各方面的关注，同样考验着政府和社会的灾害治理能力。

1.1.3　气象灾害防御能力

1.1.3.1　气象灾害防御能力的内涵

气象灾害防御能力评估，首先必须考虑气象灾害防御能力的构成要素，即气象灾害防御能力的定义问题，这直接涉及评估有效指标的选取，否则无法形成共识并得出有效的评估结论。目前，国内外许多专家学者都提出了气象灾害防御能力定义方面的相关研究结论，但并没有形成统一的观点。

有的专家学者以判断方式揭示内涵，认为气象灾害防御能力包含气象灾害预防与抵御两种能力，预防或者抵御灾害一般通过备灾计划和减灾计划实现。个人、家庭、社区和政府能够采取一定措施尽量消除或者减轻灾害的影响，有时能通过预防消除气象灾害的影响，但更多时候通过预防和抵御只能减轻其影响。

以具体气象灾害防御能力来说明，如顾颖等（2005）认为，农业抗旱能力是指人类在农业生产区内，通过自身的活动来防御和抗拒自然或人为因素造成的干旱缺水对农作物生长可能带来的危害以及减轻农业干旱灾害的能力；李倬龙等

（2015）认为，抗旱能力是区域内防御、减轻和抵抗干旱风险的各种人类活动的总和；梁忠民等（2013）借鉴抗震和抗洪等自然灾害能力和自然资源承载力的定义，分析了抗旱能力的定义与内涵，一是与灾害级别或量级大小联系在一起，二是强调人类的抵御活动及最大程度的概念，认为抗旱能力有自然—社会双重属性、静态—动态两重性、广义—狭义属性以及相对极限性。

《中国气象百科全书》用列举方法，对灾害防御能力内容进行了概括。从灾害发生的角度分析，包括自然灾害监测、预警、风险区划、评估应急、救助等能力；从气象灾害防御角度分析，则包括气象灾害监测能力、气象灾害预警能力、气象灾害风险区划和评估能力、气象灾害应急处置与恢复重建能力、气象灾害综合防范能力。这种列举亦可说明对气象灾害防御能力的分类，可为选择气象灾害防御能力评估指标提供参考依据。

从气象灾害防御能力过程考虑，现在一般理论把气象灾害防御能力定义为减灾能力、备灾能力、应对能力和恢复能力。过程论也有以下两种观点：

过程论的第一种观点认为，灾害防御能力是防灾主体利用一定的社会经济资源应对灾害的能力。灾害的每个阶段受到不同防御能力的影响。美国纳伊姆·卡普库（Naim Kapucu）认为，灾前主要受到预期性防御能力影响，这种能力集中表现为风险评估、组建利益体、预测和实施减灾和备灾等的能力。灾中主要受到反应性防御能力影响，这种能力集中表现为社会或组织机构调用社会资源完成计划，以及在缺乏计划时采取临时应急措施的能力。灾后主要受到适应性防御能力的影响，这种能力集中表现为社会组织的学习能力，以及根据新的标准重新调整战略的能力（图1.1）。

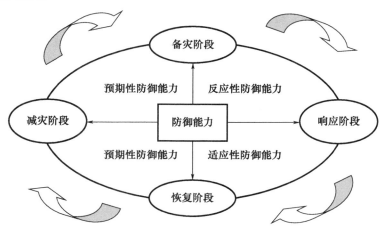

图1.1 气象灾害防御阶段与能力配置构成图

这种过程论认为，气象灾害防御能力与应急管理能力等相关概念之间具有密切联系，认为气象灾害防御能力具备如下内涵：

一是多种能力要素相互作用过程。气象灾害防御是多主体、多客体、多目标、多要素相互作用过程。防御能力主体既包括承灾体，也包括救灾主体，涉及中央政府、地方政府、组织和个人等；防御能力客体包括各种气象灾害（洪灾、干旱、台风等）；防御目标包括保持社会稳定、减少生命伤亡、经济损失和环境破坏等；防御要素包括监测预警、信息发布、经济保障能力、社会控制能力和工程防御能力等。

二是多阶段控制能力过程。防御能力是通过气象灾害防御过程表现的，这一过程包括四个阶段，即减灾、备灾、响应和恢复。每个阶段有不同的主体和作用内容。

减灾阶段：既包括所有可切实消除或减少灾难发生可能性的活动，也包括旨在减轻无法避免的灾难后果的各种长期活动，例如，土地使用管理、防灾工程、建筑标准和保险等。

备灾阶段：该阶段实施的必要性取决于减灾措施未能或无法防止灾难发生的程度。在这个阶段，政府、组织及个人通过编制预案和准备措施等方式挽救生命和减少灾害伤害，例如，储存食物和医药等生活必需品，救援人员培训和演练等。

响应阶段：紧随突发事件后的行动，通常包括为遇险人员提供紧急援助，以及减少次生灾害发生的可能性。

恢复阶段：一直持续到所有系统恢复到正常或更好的水平。通常包括两类活动：短期恢复活动，将关键生命线系统恢复到最低运行标准；长期恢复活动，可能会持续到灾后数月或数年，其目的是使生活恢复到正常状态或更高的水平。

过程论的第二种观点从广义上定义气象灾害防御能力，认为其包括对气象灾害的快速反应能力、自救能力、恢复能力、重建能力和预防灾害后期扩散能力，并强调从三个方面的效果来检验气象灾害防御能力：一是抵抗灾害能力的强弱，即在灾害发生时能否迅速做出反应，将灾害带来的损失降到最低；二是灾后重建能力的大小，即能否在灾后迅速重建并尽快恢复到灾前的稳定和繁荣；三是灾害预防能力的高低，即能否在灾前避免或减少灾害可能造成的损失。

上述气象灾害防御能力定义分析的不同视角，在一定程度上反映了气象灾害防御能力内涵，为从不同视角实施气象灾害防御能力评估提供了一定依据。但深入分析后发现，这些定义对"能力"内涵的揭示都有不足。如果对这个问题没有作出科学回答，最后的结果可能很难对气象灾害防御"能力"进行评估，这也是目前气象灾害防御评估还未受到应有重视的客观原因之一。

本研究认为，气象灾害防御能力的中心语是"能力"。百度百科认为，能力是完成一项目标或者任务所体现出来的综合素质；维基百科认为，能力是完成一定活动的本领，是一种力量；《现代汉语词典》解释为，能力是指能胜任某项任务的主观条件。由此可知，能力的本义主要针对人所具有的综合素质、本领或条件。如果把"能力"引用到事物方面，其中"综合素质、本领、力量和条件"都可以抽象出来，说明一些事物所具有的能力。因此，简单、直接地理解，气象灾害防御的力量和条件就是气象灾害防御能力构成的核心内涵。

受以上不同观点的启示，本研究认为，气象灾害防御能力应是指社会对于抵御、承受和处置气象灾害的准备程度和综合应对水平。它由物质要素和精神要素构成，是抵御潜力、经济潜力、科技潜力、社会潜力、行政潜力和处置潜力的总和。"抵御、承受和处置"水平，既包括现有设施、物力、人力和科技力条件能够发挥的作用，也包括通过科学有效的临机组织和配置，可以发挥的潜在作用；"潜力"是指已经显现和可以挖掘利用的气象灾害防御资源与条件。总的来说，气象灾害防御能力评估是对抵御能力、经济能力、科技能力、社会能力、行政能力和处置能力等方面的准备程度和综合应对水平的评估。当然，一些非综合性气象灾害防御能力的评估，也可以选择对一个方面的能力或一个气象灾种的准备程度和综合应对水平进行评估。

1.1.3.2 气象灾害防御能力的特征

根据本研究定义的气象灾害防御能力内涵，气象灾害防御能力一般具有以下特征。

（1）气象灾害防御能力是不同主体能力的合成

本研究所指气象灾害防御能力是指各种灾害主体的综合能力，这些主体能力包括个人灾害防御能力、社会组织灾害防御能力、企事业单位灾害防御能力、社区灾害防御能力和政府灾害防御能力（图1.2）。

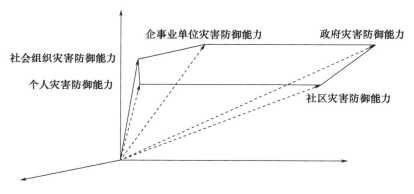

图 1.2　气象灾害防御能力形成机理

气象灾害防御能力是由企事业单位、个人、社区、社会组织和政府等不同主体的合力形成。灾害防御能力是对灾害某种主体特征的概括，不同主体的能力特点也有所不同，所以其能力提升的基础理论也不同。就个人而言，在灾害发生时，具备能力的个人能利用所拥有的社会和经济资源条件进行灾害防御与恢复，消除灾害带来的经济、心理或者生理上的影响；而不具备能力的人则需要通过社会给予帮助或救援。企事业组织和城乡社区既是面临气象灾害威胁的直接受体，也是最直接的灾害防御前沿防线，他们所具有的气象灾害防御能力直接关系到一方平安和稳定。社会组织则是防御气象灾害的重要机动力量和补充力量。政府则是气象灾害防御合力形成的核心关键，具有全局性和统领性的作用和功能。

（2）气象灾害防御能力的动态适应性

气象灾害防御能力是动态变化的过程，具有自适应特点。随着防御灾害工作的开展，以政府为主导的各种组织主体或力量，均具有自主判断和行为能力，具有与其他主体成员和环境交互信息和物质的能力，能够根据其他成员的行为和环境的变化不断调整行为规则，从而使自身行动以及整个组织与环境相适应，从而形成防御合力。这就是气象灾害防御能力的动态适应性。

根据我国气象灾害防御能力的动态适应性实际情况分析，各级政府主体能力起主导作用，城乡社区和其他组织在政府主导下产生相应作用，城乡社区和其他组织自适应能力总体较弱，总体上属于被动和次要地位。在实际中，可分为两种情况。第一种情况：对于强度不大、范围不大、毁损力不大的气象灾害，城乡社区、其他组织和社会个体的防御能力占主动和主要地位。在这种情况下，气象灾害预警信息特别重要，只有接收到灾害预警信息才可以自防自抗自救。第二种情况：对于强度大、范围大、毁损力大的气象灾害，超出了城乡社区、其他组织和社会个体的防御能力，就需要政府主体发挥主导作用。所以，在气象灾害防御能力评估中，应充分考虑我国气象灾害防御能力动态适应性的特殊性，这也是我国政府行政体制优势和优越性的体现。

（3）气象灾害防御能力的潜在效用性

前文中的定义提到，气象灾害防御能力是指社会对于抵御、承受和处置气象灾害的准备程度和综合应对水平。当气象灾害防御接近当前潜力极限的防御时，防御效果将达到较佳的状态。

气象灾害防御能力的潜在效用性，直接关系到气象灾害防御能力评估指标选择，其影响主要有以下三个方面。

一是能力的适应性和适度性。适应性是指气象灾害防御的针对性，由于不同的气候区域发生灾害有所不同，所以防御指标的选取也会不同。例如西北、西南地区无需采用台风防御能力评估指标；适度性是指防御标准和评估标准问题，这个问题既有相对稳定性，也有发展变化性，如城市防御暴雨灾害能力、大堤防御洪水能力。与 20 世纪 50—70 年代防御能力标准相比，现在近 20 年的防御能力标准肯定有所变化，否则就难以适应当前需求。因此，如何衡量新旧标准的衔接能力，体现适度性，也是选取评估指标时应当考虑的因素之一。

二是能力的有效性，包括能力发挥频率和能力作用的时效等。能力的有效性应当考虑灾害种类和强度，不会发生的气象灾害自然不需要设防，但是如何评估会不会发生就是一个需要科学评价的问题。诸如有的地方虽然有明显河道痕迹，但近 20 年、30 年没有发生过山洪，当地人误以为不会发生山洪，便大量侵占河道，导致因为突发洪水灾害而遭受巨大损失。这就是气象灾害设防能力的时间尺度问题。

三是气象灾害防御能力的关联性。气象灾害防御能力是各类防御要素所构成的能力系统，相互之间高度关联。综合性气象灾害防御能力评估需要充分考虑要素之间的高度关联性，并应据此选择评估指标，评估结果才具有实用价值。针对单一灾种或单一领域的单项评估也应考虑这种高度关联性。当前常见的气象灾害防御评估往往从单方面进行评估，忽略了要素间的高度关联性，防御能力评估结论往往偏高，与实际能力水平并不相符。

1.1.4 气象灾害防御能力评估

1.1.4.1 何谓评估

评估，即评价、估量、测算，简单来讲，是指对有关能力、政策和措施进行评估和论证，以分析观察其水平或效果。根据百度百科，评估指评价估量。美国学者格朗伦德（N. E. Gronland）给出了一个公式定义：评估 = 量（或质）的记述 + 价值判断。具体而言，评估是指由特定的组织或个人（评估主体）对指定的对象（评估客体），按照一定的程序和方法（评估方法）进行分析、研究、比较、判断、评估和预测其效果、价值、趋势或发展的一种活动。评估结论是对评估对象的价值或所处状态的一种意见和判断。

1.1.4.2 气象灾害防御能力评估

气象灾害防御能力评估，是指由特定的评估主体，对一定时期的气象灾害防御能力，依据相应阶段的目标、标准、技术或手段，按照一定的程序和方法，对气象灾害防御能力整体或部分内容构成，对其水平、效果、价值、发展趋势等进行判断的一种活动。气象灾害防御能力评估包括以下几项内涵。

（1）气象灾害防御能力评估主体

"特定的评估主体"，既可以是政府组织，也可以是学术团体，或者社会组织，甚至个人。既可以是单一主体，也可以是混合主体。应当基于评估内容有针对性地选取评估主体，不同的评估内容，可以选取不同的评估主体。

从目前国内关于气象灾害防御能力的评估主体来看，主要有 4 类：第一类是常见的评估主体，即一般学术和研究性机构。这类主体具有理论性强、研究方法科学、利益性偏见少等的特点，但由于难以获取全面性数据与资料，对真实性情况了解有限，评估结果与实际可能差距较大，应用性可能不强。第二类是部分政府机构或事业部门。这类主体开展综合性灾害防御能力评估的主要目的是为加强灾害防御能力建设决策提供科学依据，但在实际评估中容易受利益偏见等因素影响，评估结果往往偏高或偏低。第三类是委托型第三方评估主体。通过第三方评估主体，对本地区综合灾害防御能力进行评估或对本部门所管理的灾害种类进行评估。第四类是混合型主体，即由院校、研究机构、企事业单位、政府部门共同参与的多以第三方为主的评估主体。近些年来，气象部门多采用这种混合型主体方式，对气象灾害防御能力进行评估。气象灾害防御涉及部门和领域多，社会影响范围广，组织结构十分复杂，混合型主体可以克服单一主体存在的局限。

（2）气象灾害防御能力评估客体

评估客体，即评估的对象和内容。气象灾害防御能力评估客体，应为气象灾害防御能力建设的主体目标或部分目标。气象灾害防御能力评估客体，既可以是全面的气象灾害防御能力评估，也可以是单个组成部分，如分别对气象防御技术、装备、创新、人才、效益等开展评估；既可以分年进行评估，也可以分阶段进行评估。气象灾害防御能力评估客体的选择，一般取决于建设者意愿和期待达到的目的。客体的领域选择，可以分为城市或农村，也可以分交通、电力、能源、旅游、农业等不同行业。从目前已经形成的气象灾害防御能力成果看，各种分范围和分领域的评估均存在。

（3）气象灾害防御能力评估度量尺度

评估度量尺度，即以气象灾害防御能力能够达到或外部已经达到的最佳水平为标准，对照标准对气象灾害防御能力发展的质与量、绩与效进行量度的过程。所谓评估标准，是指评估主体在评估活动中，应用于评估客体的价值尺度和界限。评估的客观性因素是评估标准具有科学性的重要依据。气象灾害防御能力评估结果，应当能告知气象灾害防御能力建设者和关注者应当重视什么、关注什么，从而起到引导被评估者或建设者向何处努力的作用。

（4）气象灾害防御能力评估方法

气象灾害防御能力评估的技术方法有很多，主要有以下三种。

一是自评与专家评审结合法。在气象灾害防御能力评估过程中，气象灾害防御能力战略及规划制定者和执行者应当首先开展自我评估。气象灾害防御能力战略规划制定者和执行者，参与了气象灾害防御能力实施的整个过程，掌握比较充分的第一手资料，能及时开展评估并根据评估结论及时调整建设实施过程。但由于气象灾害防御能力建设者又是重要利益相关者，在评估过程中往往会从自身立场出发，对气象灾害防御能力做出有利于自身利益的评估。因此，在自我评估的基础上，为保证气象灾害防御能力评估的科学性和公证性，应充分利用专家所具有的专业知识和客观、公正的立场，组织专家参与评估的过程，从而规避利益驱动造成的偏差。

二是定性指标与定量指标结合法。单一量化指标很难对气象灾害防御能力发展的实施效果进行全面的评估。因此，气象灾害防御能力评估可选择采用定量指标与定性指标相结合的方法，由定性指标评测建设的管理工作及气象灾害防御能力发展的执行情况及其产生的影响，由定量指标评估气象灾害防御能力指标的实现程度。

三是气象灾害防御能力建设项目个案评估。个案评估法，一般针对性和目的性很强，比较注重实用，因此评估结论可信度比较高。目前，从整体上讲，我国气象灾害防御能力评估业务化程度还比较低，可以借鉴个案评估法，建立气象灾害防御能力业务化评估指标体系，通过一系列科学、完整、系统、有效的指标，达到客观衡量分析能力建设现状和实施进展的目的。

（5）气象灾害防御能力评估过程

评估过程，是对气象灾害防御能力整体或部分构成进行分析、研究、比较、判断，从而衡量其效果、价值、趋势或发展的活动过程。气象灾害防御能力评估过程，包括确立气象灾害防御能力评估标准、决定评估情境、设计评估手段、进行评估分析与研究、作出科学预测和判断、得到评估结果等环节。

综合以上说明，气象灾害防御能力评估是一个包括评估主体、客体、标准、方法和过程的系统性活动，也一个学术性研究和应用性研究相互结合、相互促进的过程。

1.2　气象灾害防御能力评估意义与目的

1.2.1　气象灾害防御能力评估的意义

气象灾害防御能力建设是一个动态的不断发展的过程。建立一套综合评估指标体系，确立相应的评估方法，定量估测气象灾害防御能力发展总体水平，对气象灾害防御能力发展水平作出科学判断，是推动气象灾害防御能力建设的重要基础。

（1）评估是提高气象灾害防御能力建设决策水平的基础

气象灾害防御能力建设决策，需要遵循科学的程序。科学决策的关键在于翔实可靠的可供参考依据。气象灾害防御能力评估能为气象灾害防御能力建设决策提供重要的科学依据。

气象灾害防御能力建设决策的有效性，不仅取决于决策本身的质量，还取决于决策的认可水平。气象灾害防御能力评估所提供的前置性反馈信息，能够提高决策的认可程度和自觉性，能够坚定执行决策的信心和满意程度。可以说，气象灾害防御能力评估，也是提高气象灾害防御能力建设决策认可水平的基础。

（2）评估是形成气象灾害防御能力建设共识的重要方法

气象灾害防御综合能力是设计者、实施者及服务对象等不同主体的合力。现实中，不同主体对于气象灾害防御能力的观念、价值和质量观，往往是不一致的。通过客观科学的气象灾害防御能力评估，特别是广泛吸收不同主体参与所形成的气象灾害防御能力评估结论，有利于大家形成共识，促进各种主体形成合力，共同合作解决气象灾害防御能力存在的问题。同时，气象灾害防御能力评估能够促进评估过程和评估结果的公开，有助于提高政府部门的社会公信力。

（3）评估是实现气象灾害防御能力不断优化的有效途径

气象灾害防御能力建设是一个不断发现问题、不断解决问题、不断推进能力建设和不断优化升级的有序过程。科学的气象灾害防御能力评估可以通过不断发现气象灾害防御能力方面存在的短板，有效地避免能力建设的盲目性。气象灾害防御能力评估，可以准确地为气象灾害防御能力建设者决策提供客观的能力状况信息，从而可以促使建设者及时完善和改进气象灾害防御能力结构，不断优化气象灾害防御能力配置。

（4）评估是促进气象灾害防御能力建设改革的重要参考

长期以来，我国气象灾害防御能力建设体制，基本是政府大包大揽，负有承担建设的全部责任。社会组织和社会公众基本不承担责任，或在灾害防御紧要关头完全听命于政府安排。这种传统的气象灾害防御能力建设体制机制存在大量短板与问题，过往单纯依赖政府的气象灾害防御能力建设已经完全无法适应现代气象灾害的防御形势和要求。

现代气象灾害防御要实现"两个坚持、三个转变",即坚持以防为主、防抗救相结合,坚持常态减灾和非常态救灾相统一,从注重灾后救助向注重灾前预防转变,从应对单一灾种向综合减灾转变,从减少灾害损失向减轻灾害风险转变。这就必须全面推进气象灾害防御能力建设,改革传统的以政府为主的气象灾害防御能力建设体制机制,形成"党委领导、政府主导、部门联动、企事业协同、社会参与"的体制机制。通过气象灾害防御能力综合性评估,所形成的评估结论,既为气象灾害防御能力建设体制机制改革提供共识,也为推进气象灾害防御能力建设体制机制改革提供思路,同时还可以为制定气象灾害防御能力建设法规和政策提供参考。

气象灾害防御能力建设改革是一个复杂的系统工程。为了保证气象灾害防御能力建设改革的有效和不断深入,在气象灾害防御能力建设体制机制改革方案形成决策之前,就应开展前置性评估。在改革方案实施过程中还应开展中期评估,以及时控制和调节改革的进程。在改革方案实施后,还应实施总括性评估,以检验其改革效果。

气象灾害防御能力评估业务化,是对气象灾害防御能力水平的动态监测。通过对气象灾害防御能力发展水平的逐年综合评估,可以总结发展现状、分析发展趋势,并参考发展水平指标分析差距和存在问题。气象灾害防御能力评估可以做到用数据分析直观、客观地反映气象灾害防御能力水平,可以检验能力建设是否到位、是否取得了实际的成效,从而找出存在的实际问题和短板,有利于各级政府和部门实时地、动态地掌握气象灾害防御能力建设的真实情况,为不断优化气象灾害防御能力结构提供决策参考。

1.2.2 气象灾害防御能力评估的目的与任务

1.2.2.1 评估的目的

进入 21 世纪以来,我国气象灾害防御能力建设一直备受各方面重视和关注,特别在 1998 年全国性洪水灾害发生后。经过 20 多年建设,我国气象灾害防御能力得到全面加强,因气象灾害造成的人员伤亡和经济损失占国内生产总值(GDP)的比重不断下降。但是,气象灾害防御能力建设整体水平、防御合力到底如何,能力发展是否平衡协调,是否存在薄弱点、短板和潜在风险等情况则尚未明了。

为了客观回答这些问题，就必须开展气象灾害防御能力科学评估。制定一套科学、完善、客观的气象灾害防御能力评估体系，有助于各方主体对当前气象灾害防御能力水平形成更清楚、更全面、更客观的认识，从而适应新形势下气象灾害防御事业发展的需要。总的来说，开展气象灾害防御能力评估主要为了达到以下三个目的。

一是践行气象灾害防御"两个坚持、三个转变"理念。气象灾害防御要"三个转变"的关键是气象灾害防御能力建设。如果缺乏科学的防御能力评估，缺乏对当前防御能力的综合评估，就很难实现灾害防御的"三个转变"。科学合理的气象灾害防御能力评估可以为促进气象灾害防御能力建设实现"三个转变"提供参考。

二是适应全面加强气象灾害防御能力建设的需要。气象灾害防御能力是一个涉及范围非常广泛的能力结构体系。气象灾害防御能力水平高低与强弱有时很难辨识，在过往的能力建设中经常存在"头痛医头、脚痛医脚"的现象，甚至可能出现防御能力越强的越建设，能力越弱的越难争取到投资，直至灾害来临时才发现问题，却为时已晚。气象灾害防御能力评估通过启动阶段的评估研究和试评估，力图逐步实现业务化，对气象灾害防御能力水平开展常态化评估，从而真正达到为加强气象灾害防御能力建设提供依据的效果。

三是适应积累气象灾害防御标准经验的需要。我国南北和东西区域气候差别大，灾害类型多，长期以来形成了防御小灾大灾一样防、应急优于防灾、救灾重于一切的现状。这造成了气象灾害发生前灾害防御能力建设不被重视，灾害发生时应急救灾又不计成本的局面。造成这种局面的原因之一，是没有形成一套比较有效的气象灾害防御能力评价标准。因此，这就需要通过气象灾害防御能力评估实践，不断积累经验，逐步为制定各类气象灾害防御能力水平标准提供参考依据。

气象灾害防御能力评估的一大内容，是对非工程性气象灾害防御能力进行评估。因为非工程性气象灾害防御能力建设，在现代气象灾害防御中具有基础性、先导性的作用。对其能力评估最终要达到的目的，可以概括为以下几点。

第一，达到促进提高气象灾害预防和抗救决策科学性的目的。政府对气象灾害预防和抗救进行决策时，到底在什么时间、什么地点、动员多少力量、采取什么方案，都需要参考气象灾害预报预警结论。社会、个人可以利用气象预报，采取自防自救措施，以减少社会经济损失。如果受灾地区的群众能在气象灾害即将发生之前提前收到相关预警信息，每个具有劳动能力的人，对可能受灾的物质进行抢救，能够挽回的经济损失总量就相当可观；如果充分利用机械力进行抢救，那么挽回的经济损失总量就更为可观。同时，有效利用气象灾害预警预报，可以充分利用有利天气条件科学调度抗灾资源，节约抗灾救灾成本。短期天气预报预警产生的社会经济效益是非常巨大的。例如，我国自开展地质灾害监测预警以来，成效特别显著。全国因地质灾害造成的死亡人口数量总体呈大幅减少趋势（表1.1），仅2018年、2019年全国分别成功预报地质灾害496起、948起，避免可能人员伤亡23560人、24478人，避免直接经济损失9.6亿元、8.3亿元。由此可见监测预警应急等能力建设之成效。

表1.1　地质灾害死亡人口数量（2000—2018年）

年份	地质灾害死亡（人）
2000年	1179
2001年	788
2002年	853
2003年	767
2004年	734
2005年	578
2006年	663
2007年	598
2008年	656
2009年	331
2010年	2246
2011年	244
2012年	293
2013年	482
2014年	360
2015年	226
2016年	362
2017年	329
2018年	105
平均	600.15

第二，达到促进提高人们抗灾救灾的自觉性、能动性，减少盲目性的目的。尽管气象灾害发生具有不确定性的特点，但随着气象现代科学技术的进步，对气象灾害发生和发展的提前预测越来越精细，比较准确的预测时效可达 3~5 天，甚至是 7~10 天。在这样的时间内，组织实施各种气象防灾救灾措施，可以最大程度避免气象灾害造成特大或重大人员伤亡和经济损失。近 20 年来，我国已基本形成了科学的重大事项决策体系，形成了决策层、智囊层、信息层相互协同的科学决策机制，政府决策的科学理念明显增强。反映在运用气象科学技术成果方面，各级政府领导绝大多数都非常尊重气象科学规律，对涉及重大气象灾害方面的一些重大决策都要问计于气象、水利和具体的防御部门，有效避免了决策的盲目性，提高了科学性。

第三，达到促进最大限度地发挥各种灾害预防设施和设备作用的目的。为了防御各种气象灾害，在长期的生产实践中，人们修建了许多工程性气象灾害防御设施，准备了各种抗灾设备和工具，但要充分发挥其应有的作用和效果，离不开现代气象监测预报预警和灾情灾报信息。例如，人们把水库称为水利设施，其蓄水主要用于防御农业旱灾或保证人们生产生活用水，但在暴雨洪水季节，水库防汛就处于两难决策，如果水库腾空防汛保安全，就可能失掉抗旱功能；如果关闸为抗旱或发电蓄水，就可能影响水库安全度汛。随着现代气象监测预报预警能力、部门互动能力、调度系统智能化能力的进一步增强，指挥解决水库防汛决策已经有了比较科学的依据，关闸蓄水和开闸泄洪基本可以做到依据气象水文信息进行科学决策和合理调度，避免了水利工程开关闸的盲目性，使水库在防汛和抗旱中能够最大限度地发挥其应有功能。

第四，达到促进提高灾害防御组织化能力和应对自然灾害能力的目的。通过制定气象灾害防御法律法规，让社会公众知晓面临气象灾害时自身的义务和责任，有利于提高社会和公民参与防灾抗灾救灾的意识，有利于全社会形成统一的、高度组织化的气象灾害防御能力。同时，通过平时一些应急演练和灾害防御知识培训，有利于增强基层社会组织和公民个人的气象灾害防御能力。

通过气象灾害防御能力评估，对非工程性气象灾害防御能力建设进行综合分析、客观评估，进而总结经验、查摆差距、发现问题、找到短板、提出措施建议，以促进达到以上目的。

1.2.2.2 评估的任务

气象灾害防御能力评估的任务，一般取决于气象灾害防御能力所评估选择的区域范围、防御领域、防御层级、能力要素和能力结构。但是，从总体上讲作为能力评估，一般都有以下相同或相近的评估任务。

一是选择和建立气象灾害防御能力评估指标体系。能力水平可以分为标准性水平指标、标定性水平指标、相对性水平指标和比较性水平指标，以便通过评估考察真实的水平情况，评估结果能有效为气象灾害防御能力建设应用提供参考。

二是依据筛选的气象灾害防御能力评估指标体系，获取相应的能力数据和资料，并按照评估技术要求进行整理。在此基础上，选择相应的评估方法开展能力评估工作，并形成初步的评估意见。

三是对初步形成的能力评估意见进行诊断，综合分析气象灾害防御能力水平、能力结构和能力形成的因果联系，最终形成能力评估结论和建议。这主要是针对气象灾害防御能力评估业务化提出的要求，气象灾害防御能力评估研究只需选择代表性的案例，以求证其选择指标和评估方法的合理性。

四是最终形成气象灾害防御能力综合报告，为推进气象灾害防御能力建设决策提供参考。

1.3 气象灾害防御能力评估类别

划分类别是形成科学认识的重要方法。同样，气象灾害防御能力评估也存在类别划分，不同的评估类别可能采取不同的研究方法，形成的评估结论所要表达的意义也有较大差别。从目前我国已经形成的气象灾害防御能力评估成果来看，一般分为以下类别。

1.3.1 综合评估与专项评估

从气象灾害防御能力评估内容的全面性划分，一般可分为综合评估与专项评估。综合评估就是对涉及灾害防御能力的全部要素和能力结构进行全方位的评估，一般具有全面性、整体性和综合性的特征。这里所谓综合评估，就是将已有的关于气象灾害防御能力构成的各个部分、方面、因素和层次联系起来，形成对现实气象灾害防御能力水平的统一整体的认识。综合评估不是气象灾害防御能力各个构成要素的简单相加,而是对气象灾害防御能力的机理和功能的整体性认识,往往可能形成气象灾害防御能力建设规律的新发现。

专项评估就是进行分要素和分模块灾害防御能力的专项评估,一般具有较强的目的性、专业性、针对性和特定性的特征。这里所谓的专项评估,就是将已有的关于气象灾害防御能力的某一领域、某一方面或某一要件进行评估,形成对某一方面气象灾害防御能力专业性的认识。目前,我国这类研究成果较多,如农业气象灾害防御能力评估、交通气象灾害防御能力评估等。

当然,在实际评估工作中,综合评估与专项评估的概念具有相对性。诸如农业气象灾害防御能力评估,相对于综合气象灾害防御能力评估应属于专项评估,但相对于种植业气象灾害防御能力评估则又具有综合性评估的特点。

1.3.2 总体评估与个例评估

从气象灾害防御能力评估的范围划分,一般可将评估划分为全域性总体评估与个例估评。全域是概化理论术语,全域性总体评估是指空间全景化的系统评估,它不仅是空间概念,还包括能力评估内容的全面性。全域范围是一个相对概念,可以是全国,也可以是某一气候区域。全域总体评估主要强调把整个评估区域作为气象防御能力系统进行打造,从全要素、全行业、全过程、全方位、全时空等角度推进气象灾害防御能力建设,实现气象灾害防御能力全域优化、设施能力全域配套、治理能力全域高效、联动能力全域覆盖、防御成果全民共享。

个例有的也称案例,是指个别的、特殊的事例,一般是指人们在生产生活中所经历的典型的富有多种意义的事件陈述。个例评估是指有意截取气象灾害防御能力某一方面或事件进行的评估。个例评估一般包括三大要素:一是个例对提高气象灾害防御能力具有重要的参考借鉴意义;二是基于个例的评估能有针对性地发现气象灾害防御能力建设中存在的问题,并有改进的条件和必要性;三是与全域性气象灾害防御能力建设有一定关联,而且具有一定的典型性或代表性。因此,在推进气象灾害防御能力建设中,人们经常会用个例作为一种工具,供学习者参考借鉴。

可以看出,全域性总体评估与个例估评具有明显区别。但是,在实践中也是相对的,一定范围的气象灾害防御能力全域性评估,在更大范围可能也属于个例评估；而对大范围个例性评估群进行综合性再分析评估，则可能上升为全域性或综合性评估，人们经常所说的举一反三就是这种情况，如发生一例特大雷电灾害事故以后，不仅会对该例雷电灾害防御能力进行评估，而且会扩大到对全域的雷电灾害防御能力进行评估。

1.3.3 工程性评估与非工程性评估

前文已经介绍，气象灾害防御一般可分为工程性措施和非工程性措施。相应地，气象灾害防御能力评估也存在工程性能力评估与非工程性能力评估之分。

气象灾害防御工程性能力评估，主要针对为防御气象灾害而建设的各类设施与场所的承灾能力进行评估，能力的评估范围涵盖地上、地下、陆地、水上、水下等各类建筑物、构筑物和工程物，所需评估的载体包括房屋、道路、铁路、机场、桥梁、水利、港口、隧道、给排水、防护等建筑物、构筑物、工程物及其设施与场所。工程能力评估内容既包括量的能力，又包括质的能力。

气象灾害防御非工程性能力评估，主要针对涉及气象灾害防御所采取的法规、管理、组织、监测、预警、应急、避灾、保险、社会参与等非工程性措施进行评估。气象灾害防御非工程性能力建设是促进新时代气象灾害防御实现"三个转变"的重点。开展非工程性能力评估，对促进气象灾害防御非工程性能力建设具有极其重要的意义。

1.3.4 现实评估与潜在评估

从气象灾害防御能力的反映特征划分，可将能力分为现实能力与潜在能力。气象灾害防御能力既可以在已经形成的建设中体现出来，也可能在具体气象灾害防御过程中逐步反映出来。前者被称为现实能力，即已经发展并表现出来的灾害防御能力；后者则被称为潜在能力，即可能发展、尚未反映出来的灾害防御能力。现实能力和潜在能力是不可分割、相互统一的。潜在能力在外部环境和教育条件许可时，就能发展成为现实能力。比如应急演练、普及灾害防御知识等，这些活动是否构成气象灾害防御能力，只有在灾害应急中和灾害发生中才能显示出来，而在灾害防御阶段就是一种潜在的气象灾害防御能力。同样，现实能力与潜在能力也具有相对性，一旦潜在能力表现出来以后就转化为一种现实能力，而实现能力还没有充分发挥前就是一种潜在能力。

气象灾害防御能力建设是一个动态发展的过程，需要坚持不懈地努力，使气象灾害防御能力水平不断提高，使之向更高水平的阶段迈进。因此，开展气象灾害防御能力评估研究，把握其动态发展水平，强化其决策咨询作用，是十分必要的。

1.4 气象灾害防御能力评估技术

1.4.1 评估技术概述

概括地讲，国内外评估研究的技术方法主要有定性和定量两种，即主观评估技术方法和客观评估技术方法，或者定性与定量混合评估。其中主观评估方法有专家打分评价法、信息调查法、德尔菲法、可行性研究方法等；客观评估方法有逻辑框架分析方法、综合指标体系评价法等。相对于主观评估方法，客观评估方法更加科学，依据客观的数据，运用数学、统计学方法对评估对象进行定量描述，建立与之相适应的数学模型，进而进行计算、分析。本研究采用的综合指标体系评价法就是这样一种科学的评估方法，是在各专项评估基础上进行综合分析，提出结论性意见的评估方法。

综合指标体系评价技术方法也可采用层次分析法、主成分分析法、TOPSIS[①]法、人工神经网络法、蒙特卡洛模拟综合评价法等，根据不同的评估类型可采取不同的技术方法。层次分析法将评估对象分为若干层次和若干目标，并赋予不同的权重进行综合评估；主成分分析法适用于大量数据，通过将多指标变为少数指标进行评估；TOPSIS 法在找出有限方案中的最优方案与最劣方案后，评估其优劣性；人工神经网络法建立起以权重描述的变量与目标之间的关系，通过算法学习过程获得评估方法；蒙特卡洛模拟综合评价法根据指标属性进行数据生成后排序评估。

本研究主要采取层次分析法开展气象灾害防御能力评估，因为这种方法利用多指标综合指数的理论及方法，将气象灾害防御能力水平分为若干层次和若干指

① TOPSIS (Technique for Order Preferenceby Similarity to Ideal Solution) 法：逼近理想解排序法、理想点法。

标，并赋予不同的权重，最后将所选择的有代表性的若干个指标综合成一个指数，从而对气象灾害防御能力水平状况作出综合评价。

1.4.2　能力评估要素筛选

按照层级包含的逻辑关系，根据我国目前开展的气象灾害防御综合能力评估情况，一般将评估能力分解为 3 级或 4 级。

第 1 级，展示气象灾害防御综合能力，可以参考分类法将其分解为 3~10 个版块，一般不宜低于 3 个版块，也不宜多于 10 个版块。主要考虑评估的可控性、有效性和针对性，也考虑评估结果的有效应用。

第 2 级，展示气象灾害防御综合能力不同版块的构成要素，属于对综合性能力的相对细化，但应突出每个版块的主要能力或具有代表性的能力，构成要素相互之间不宜交叉或包含。

第 3 级或 4 级，展示气象灾害防御综合能力不同构成要素的具体指标，应按照能力评估指标要求确定。

1 级至 3 级或 4 级之间，是一个逐级支撑的关系，下一层级是上一层级的展开，并为上一层级提供支撑，3 级或 4 级指标选择总体应表征 1 级综合能力评估的要求。当然，分层级也是相对的，根据评估实践情况，一般不应少于 2 个层级，但也不宜多于 4 个层级。

1.4.3　评估指标的确定

由于气象灾害防御能力构成的要素具有多重性、多维度和多元主体特征，因此，构建一个科学有效的综合指标体系，是气象灾害防御能力评估的重要前提。评估指标既要能保证服从评价目标、达到评价目的，又要有助于简化评价程序、保证数据有效来源。其评估指标的确定要根据评估目的和要求而选择。综合指标的筛选一般需要三个步骤。

第一步是海选。海选是指根据气象灾害防御能力特点，尽可能多地列举出能够反映气象灾害防御能力且符合评估要求的指标。海选指标可以通过数据采集、资料调研、调查问卷等方式搜集。指标选取应遵循的原则包括指标集规模适度、指标导向性、指标代表性、数据可获得性、指标可比性及指标体系可延续性等。

第二步是优选。优选的主要依据是指标的代表性、可达性和可得性。指标的代表性即典型性，指标越能高度代表能力评估的目标和关联性，就越有代表性，关联性不紧密的指标不宜选择；指标的可达性，即指在一定社会生产力条件可以达到的，而不是越高越好，也不是不计成本的高指标；指标可得性，即数据的获取难易程度，可得性越强，在评估中结果的可靠性程度就越高。指标的优选需要选取代表性、可达性和可得性都较高的指标。

第三步是精选。在前面的海选和优选之后，通过技术求证、相关性检验、征求专家意见等方式，对相关指标进行调整与修正，最后精选确定。

气象灾害防御能力综合评价指标体系在指标精选之后形成，在实践中，往往对指标层级分别赋予不同的权重，最后综合加权求和得到综合评价指标体系的数学模型。各级指标的权重系数可采用专家评价法、经验评价法或相关统计法确定各级指标的权重。

科学合理的指标选择是气象灾害防御能力评估的基础和前提。指标现状值的选取反映了气象灾害防御能力的当前水平，应基于实际进展情况和数据积累情况，按最新进展或多年平均水平来确定。指标如果设定标准值，那么标准值的确定最好依据已经发布的相关能力标准，或者参照国内的相关标准。由于气象灾害防御能力的复杂性、地区的差异性和发展的动态性，以及气象灾害的变化性，如果推进气象灾害防御能力评估业务化，还应根据不同历史时期的实际情况，对气象灾害防御能力指标适时进行调整和修订。

参考文献

顾颖，倪深海，王会容，2005. 中国农业抗旱能力综合评价 [J]. 水科学进展 (5):700-704.

李俸龙，罗小锋，江松颖，2015. 西南民族地区农户抗旱必要性认知及应对策略分析 [J]. 干旱区资源与环境 (2):38-42.

梁忠民，郦建强，常文娟，等，2013. 抗旱能力研究理论框架 [J]. 南水北调与水利科技，11(1):23-28.

全国减灾救灾标准化技术委员会，2011. 气象灾害预警信号图标：第 5 部分 应用：GB/T 27962—2011[S]. 北京：中国标准出版社 .

全国减灾救灾标准化技术委员会，2011. 自然灾害管理基本术语：第 2 部分 一般术语：GB/T 26376—2010[S]. 北京：中国标准出版社.

全国减灾救灾标准化技术委员会，2012. 自然灾害分类与代码：第 5 部分 分类代码：GB/T 28921—2012[S]. 北京：中国标准出版社.

全国人大常委会，2016. 中华人民共和国气象法：最新修订版 [M]. 北京：中国法制出版社.

《中国气象百科全书》总编委会，2016. 中国气象百科全书 [M]. 北京：气象出版社.

第 2 章
气象灾害防御能力评估研究进展

　　人类社会自产生以来，就存在气象灾害防御问题。人类对气象灾害防御能力的认识也经历了从实践到理论，再从理论到实践的过程，而且这个过程还在不断地向前升级发展。

2.1　我国气象灾害防御能力评估研究历程

2.1.1　我国气象灾害防御能力评估起源

　　从实践情况来看，我国一直十分重视气象灾害防御能力建设。早在古代，我国就已经为了防御干旱、暴雨洪涝灾害兴建了许多重要水利工程，并对气象灾害防御能力形成了一些经验性认识。如《管子》一书中就记载了有关河流洪水评估的概念，《管子·度地》篇记载了五种水：从山里发源，流入大海的，叫作经水；从其他河流中分出来，流入大河或大海的，叫作枝水；在山间沟谷，时有时无的，叫作谷水（季节河）；从地下发源，流入大河或大海的，叫作川水；由地下涌出而不外流的，叫作渊水（湖泊）。这五种水，既可以顺着其流势来引导，也可以对其拦截控制，但过不了多久，常会发生灾害。从评估的角度看，这就是一种经验性的定性评估，而且经、枝、谷、川水的概念沿用至今。《宋史·河渠志》中有我国设定"警戒水位"的最早记载，也是在对沿河防御能力作出经验性预估后采取的措施。

　　我国是一个气象灾害多发、频发的国家，在抗灾救灾的过程中，历朝历代通过采用实地调查法、重点调查法、统计估算法等方法不断加强了对气象灾害防御能力的认识。如明代洪武二十六年规定："凡各处田禾遇有水旱灾伤，所在官司踏勘明白，具实奏闻。仍申合干上司，转达户部，立案具奏。差官前往灾所覆踏是实，将被灾人户姓名田地顷亩，该征税粮数目，造册缴报本部立案，开写灾伤缘由，具奏。"清代规定："遇灾伤异常之地，责成该督抚亲往踏勘，将应行赈恤事宜一面奏。"以今日的眼光来看，这就是通过实地调查灾情并客观评估灾情后，将灾情损失统计具报、减灾减损的过程。因此，不能简单地说中国古代对气象灾害防御能力完全没有预估或评估，但必须承认，由于受到科学技术条件的限制，并没有产生近现代意义上的科学评估。

进入晚清、民国时期，随着现代科学技术的发展，开始出现具有现代科学意义的气象灾害防御能力预估或评估。如1930年南京国民政府导淮委员会编制的《导淮工程计划》，其中有根据归海坝及御马头水志的水位记录，推算1860—1921年共12次大水的洪泽湖出湖总流量，并用雨量资料估算水量作验证。这是我国最早用实测资料进行的一次洪水灾害设防能力的估算。

总的来看，中国古代和近代对气象灾害防御能力的评估有一些经验性的认识和判断，但由于科学技术发展的局限，评估不全面、不系统，尤其缺乏定量性评估，并没有形成现代科学意义上的气象灾害防御能力评估，但可以作为研究资料提供参考。

2.1.2　我国气象灾害防御能力评估发展

中华人民共和国成立以后，党和政府十分重视气象灾害防御能力建设，尤其是洪涝和干旱气象灾害防御能力建设，不仅修复了历史遗留的大量已经损坏或处于病险状态的水利设施，新建了一大批防御气象灾害的水利工程，而且高度重视气象灾害监测预报预警。1954年3月，周恩来总理签署《中央人民政府关于加强灾害性天气的预报、警报和预防工作的指示》，提出要制定大范围灾害性天气预报、警报的内容和发布标准及具体办法，对于大范围灾害性天气所造成影响和损失，应作详密的调查研究。从中华人民共和国成立初期到改革开放前，农业、水利、交通、气象等部门围绕提高气象灾害防御能力建设，形成了经验性或局部性的总结或科学预估，如防洪的设防水位、警戒水位、保证水位，既有历史经验的预估，也有根据水位数据和设防设计能力的计算评估。从整体来看，运用传统方法对气象灾害防御能力评估不系统、不全面，也没有一套完整的统计方法和测算标准，评估口径不一，准确性比较差，既不利于全面推进气象灾害防御能力建设，也不利于开展有效的抗灾救灾工作。但从效果来看，传统的调查统计方法为气象灾害防御能力评估的形成与发展提供了重要基础。

因此，从进程分析，气象灾害防御能力评估主要经历了以下阶段。

（1）灾害调查研究方法广泛应用阶段

调查研究方法是帮助人们客观认识社会事物，推动科学决策的一种基本方法和工具，在长期的发展过程中已经形成了完整的方法体系。调查研究方法的早期发展与 19 世纪以来西方城市中产阶级对当时生活状况所作出的理性反应有关。我国早期也深受欧美的影响，逐步形成了一套适用于我国的实用有效的调查研究方法。从新中国成立初期至 20 世纪 70 年代，我国对气象灾害防御能力建设开展了常规性或专项性的调查统计评价和总结，为推进气象灾害防御能力建设提供了决策依据。如 1958 年涂长望在《气象工作第一个五年计划的基本总结和第二个五年计划方针任务》的讲话中提出，与国际比，我国已建立起了近代化的气象业务。他通过调查研究和统计对比分析的方法从五个标志阐述了近代化的气象业务能力水平。又如 1958 年林一山发表的《关于长江流域规划的初步意见》，通过大量的调查研究和数据分析，得出了在长江洪水灾害防御能力建设方面，只有三峡枢纽才可能有效地控制强大而集中的川江洪水，解除荆江大堤的严重威胁和洞庭湖广大地区的洪水灾害的结论。

由于历史的局限，当时的气象灾害研究主要限于灾害现象和破坏损失情况的统计描述，对气象灾害防御评估的研究相对缺乏。

（2）灾害评估倡议和试评估起步阶段

20 世纪 80 年代至 90 年代初，属于气象灾害防御能力评估倡议及试评估阶段。1983 年，全国气象工作会议提出，把着手研究评价气象服务经济效益的科学方法作为全国气象工作的重要任务。1983 年，气象科技经济效益研究课题组成立。该课题组历时 5 年，研究得出我国气象服务的成本效益比是 1：15 至 1：20。1984 年，《气象现代化发展纲要》中提出，调查、评价气象服务的经济效益和社会效益，建立统计、评价的科学方法。《1991—2000 年气象事业发展十年规划》中明确提出，开展气象现代化建设和气象服务效益的分析评估，建立健全质量检验、效益和水平评估的指标体系。由于 1984 年《气象现代化发展纲要》中提出的"提高灾害性、关键性天气监测、预报能力"是气象现代化的战略重点，因此，《1991—2000 年气象事业发展十年规划》中提出的"气象现代化建设"分析评估，主要内容之一就是指气象灾害防御能力建设的分析评估。

从国家层面来看，我国响应 1987 年第 42 届联合国大会通过的第 169 号决议，于 1989 年 4 月成立国家级委员会，即中国国际减灾十年委员会。该委员会的目标之一就是增加灾前的经费投入，建立并完善预警系统和抗灾设施，提高灾害预测、预报、预防和评估水平，从而拉开了我国气象灾害防御评估和研究的时代序幕。

从学术研究层面来看，1987 年，杜一等在《灾害经济学的探索》中提出，要对治理灾害的技术能力和经济力量作出准确的估计，然后对可能采取的各种治理灾害的可行性方案进行比较，并确定单项综合的灾害治理效果指标的最优治理方案；1989 年，史培军等建议建立灾害信息系统、灾情信息系统，开展灾害、灾情科学评估。通过文献分析发现，20 世纪 80 年代直接研究灾害的文献不多，直接涉及对气象灾害和气象灾害防御能力的评价评估更少，主要是一般性倡议和试评价。

总体来看，受当时技术条件和社会经济发展情况的限制，对气象灾害的调查与评估，一是偏重于对单项事实的个别描述，或繁琐累计，难以对灾害影响和损失、灾害防御能力进行系统、全面的调查与评估；二是偏重于实物统计，难以开展价值量统计；三是偏重于对灾情的描述，对灾前与灾后的监测、预报、防灾、救灾等能力的认识与评价考虑不够全面。

（3）灾害评估研究活动丰富阶段

20 世纪 90 年代是我国灾害防御能力建设重要转折时期，也是灾害研究走向活跃的重要时期。这一时期涉及综合灾害评估、气象灾害评估的研究文献大量增加，但独立研究气象灾害防御能力评估的文献还较少。

从国家层面来看，国家科委办公厅、国家计委办公厅、国务院生产办秘书局于 1991 年 7 月联合发文成立自然灾害综合研究组，研究组成员由国家地震局、国家气象局、国家海洋局、水利部、地矿部、农业部、林业部等部门的有关专家组成。该研究组主要从事灾害评估、减灾立法和预案及减灾工程等研究，为地震、气象、洪水、海洋、地质、农业、林业共 7 大类 35 种自然灾害的减灾工作提供咨询，有效地搭建了灾害研究和灾害评估工作机制。

从学术研究层面来看，这一时期发表了大量灾害研究相关成果。如 1991 年，高庆华发表《关于建立自然灾害评估系统的总体构思》，提出了自然灾害评估是全面反映灾情、确定减灾目标、优化防御措施、评价减灾效益、进行减灾决策的重要依据，也是制定国土规划和社会经济发展计划的重要参考资料。其中"优化防御措施"就是灾害防御能力建设问题。1996 年，曲国胜等发表《我国自然灾害评估中亟待解决的问题》，通过总结归纳当时全国灾害评估情况，提出省、市自然灾害评估中迫切需要解决的问题，包括：建立灾害地理信息系统（地理背景与灾害信息）；详细调查社会经济（房屋建筑、财产、生命线工程等）状况；系统研究自然灾害区划、减灾规划与城市规划；开展灾害致灾因子及灾情的预测、预报；建立实时评估与灾情评定系统；开展应急救灾、救助预案的研究及救灾资源配置优化；建立救灾及恢复基金，开展社会保险（家庭、企业、社会团体、社区等的保险）；开展公众的防灾教育与减灾技术培训；建设减灾综合管理及机构；建立综合减灾管理与指挥系统。上述 10 项问题均属于灾害防御能力建设范畴。1996 年，史培军发表《再论灾害研究的理论与实践》，提出致灾因子的风险性评估、孕灾环境稳定性的分析、承灾体易损性的评价。1997 年，陆亚龙发表《气象灾害风险评估在防灾减灾中的作用》，列举了针对不同承灾体开展评估的实例。1999 年，刘雪梅等发表《贵州洪涝灾害的承灾能力评估及对策研究》，主要从致灾暴雨因子、孕灾地理和植被环境进行了承灾能力评估。

20 世纪 90 年代是我国气象灾害防御能力建设的重要时期。由于国家的高度重视，气象灾害研究领域取得了许多成果。总体来看，这一时期关于灾害评估研究成果较多，已经开始尝试开展气象灾害防御能力评估的研究，但气象灾害防御能力的评估研究还没有取得独立分科发展的地位。

（4）气象灾害防御能力分科评估研究取得进展阶段

进入 21 世纪以来，气象灾害评估取得了新发展，气象灾害防御能力分科评估研究越来越受重视。2000 年 1 月 1 日实施的《中华人民共和国气象法》（以下简称《气象法》）第二十八条规定，各级气象主管机构应当组织对重大灾害性天气的跨地区、跨部门的联合监测、预报工作，及时提出气象灾害防御措施，并对重大气象灾害作出评估，为本级人民政府组织防御气象灾害提供决策依据。气象灾害评估成为气象部门的法定职责之一，由此推动了气象灾害评估和气象灾害防御能力评估的发展。

依据《气象法》，国家层面的气象灾害评估工作，包括对气象灾害防御能力的评估。《国务院办公厅关于进一步加强气象灾害防御工作的意见》（国办发〔2007〕49号）提出，要加强灾害分析评估，根据灾害分布情况、易发区域、主要致灾因子等逐步建立气象灾害风险区划，有针对性地制定和完善防灾减灾措施；地方各级人民政府要按照国家防灾减灾有关规划和要求，统筹考虑当地自然灾害特点，组织有关部门认真开展气象灾害风险普查工作，全面调查收集本行政区域历史上发生气象灾害的种类、频次、强度、造成的损失以及可能引发气象灾害及次生衍生灾害的因素等，建立气象灾害风险数据库。

《国家气象灾害防御规划（2009—2020年）》从4个方面对气象灾害评估进行了部署。一是加强气象灾害风险调查和隐患排查。要求建立以社区、乡村为基础的气象灾害风险调查收集网络，建立气象灾害风险数据库，分灾种编制气象灾害风险区划图。二是组织开展基础设施、建筑物等防御气象灾害的能力普查，编制承灾体脆弱性区划；开展气象灾害风险隐患排查，查找气象灾害防御的隐患和薄弱环节，为编制气象灾害风险区划、完善气象灾害防御措施等奠定基础。三是建立气象灾害风险评估和气候可行性论证制度。建立重大工程建设的气象灾害风险评估制度，建立相应的建设标准，将气象灾害风险评估纳入工程建设项目行政审批的重要内容，确保在城乡规划编制和工程立项中充分考虑气象灾害的风险性，避免和减少气象灾害的影响。四是对城乡规划、国家重点建设工程、重大区域性经济开发项目和大型风能、太阳能等气候资源开发利用项目，组织气候可行性论证。特别提出要研究制定综合评估气象灾害危险性、承灾体脆弱性和气象灾害风险评估的方法和模型、风险等级标准和风险区划工作规范，开展气象灾害风险区划和评估，为经济社会发展布局和编制气象灾害防御方案、应急预案提供依据。2010年国务院发布的《气象灾害防御条例》第十条规定，县级以上地方人民政府应当组织气象等有关部门对本行政区域内发生的气象灾害的种类、次数、强度和造成的损失等情况开展气象灾害普查，建立气象灾害数据库，按照气象灾害的种类进行气象灾害风险评估，并根据气象灾害分布情况和气象灾害风险评估结果，划定气象灾害风险区域。

在气象相关法律法规的推动下，气象灾害研究不断突破传统的研究模式，研究水平不断提高，研究内容日益丰富，开始向新的独立学科发展，气象灾害风险评估不断取得新的进展，气象灾害评估和气象灾害防御能力评估工作全面展开。2005年，中国气象局印发《气象灾害收集上报调查和评估试行规定》。2007年，在国家气象中心内成立了气象灾害评估中心，气象灾害评估实现了业务化。2008

年，全国各省（区、市）开展了 1984—2007 年历史气象灾情普查工作，灾情普查种类达到 28 种，国家气候中心和部分省（区、市）开始推进气象灾害风险区划评估工作，此后工作陆续在全国各省（区、市）推开。

这一时期的气象灾害防御能力评估理论研究得到较快发展。刘新立等（2001）发表《区域水灾风险评估模型研究的理论与实践》，明确提出了防洪工程风险评估的实践目的是为了确定最优的设计洪水标准。显然，该研究考虑到了气象灾害工程性防御能力设计的合理性。王春乙等（2005）发表《近 10 年来中国主要农业气象灾害监测预警与评估技术研究进展》，认为中国有关农业气象灾害风险（影响）评估的研究大致可以 2001 年为界分为两个阶段。第一阶段，是以灾害风险分析技术方法探索研究为主的起步阶段；第二阶段，是以灾害影响评估的风险化、数量化技术方法为主的研究发展阶段，构建了灾害风险分析、跟踪评估、灾后评估、应变对策的技术体系。在第二阶段，针对农业生产中大范围农业气象灾害影响的定量评估需求，将风险原理有效引入农业气象灾害影响评估，基于地面、遥感两种信息源，建立了主要农业气象灾害影响评估的技术体系。这一观点进一步丰富了气象灾害防御能力评估研究。

这一阶段后期，在气象灾害防御能力评估研究中，城市防御能力评估、农村防御能力评估、农业防御能力评估、不同灾种防御能力评估、不同区域和流域防御能力评估、不同部门防御能力评估等领域，均出现了相应的研究成果。

2003 年，气象部门把气象灾害防御能力建设正式纳入目标考核。2007 年以后，持续开展气象灾害防御能力评估研究，并于 2011 年形成的气象灾害防御能力建设研究报告，明确提出了气象灾害防御能力指标体系（该指标体系内容经过完善后被纳入全国气象现代化评估体系），为促进气象灾害防御评估能力的提升奠定了基础。2014 年，气象部门正式启动气象灾害防御能力试评估工作，具体评估情况详见第 3 章。

2.2　国际组织和国外气象灾害防御能力评估研究

2.2.1　国际组织气象灾害评估倡议与行动

进入 20 世纪 70 年代，世界各国都越来越重视灾害研究，而灾害评估是灾害研究的重要内容之一，是促进灾害预测、防治和减灾决策的基础，其中气象灾害防御能力评估则是灾害评估发展到一定阶段逐步形成的领域。国际组织对气象灾害防御能力评估倡议始于20世纪80年代，1987年第42届联合国大会通过第169号决议，决定将自1990年开始的20世纪最后十年定为"国际减轻自然灾害十年"，其中的重要内容之一就是因灾因地制宜地发展评估、预报、预防和减轻自然灾害的方法，并且评价这些计划的效果。1989年底举行的第44届联合国大会通过了关于"国际减轻自然灾害十年"决议案，宣布于1990年1月1日开始国际减轻自然灾害十年活动，并通过了《国际减轻自然灾害十年国际行动纲领》。

1991年，联合国国际减灾十年（INDNR）科技委员会提出了《国际减轻自然灾害十年的灾害预防、减少、减轻和环境保护纲要方案与目标》，在规划的三项任务中的第一项就是进行灾害风险评估，明确要求各个国家对自然灾害风险进行评估，即评价危险性和脆弱性，主要包括：总体上哪些自然灾害具有危害性；对每一种灾害威胁的地理分布和发生间隔及影响程度进行评价；估计评价最重要的人口和资源集中点的易灾性。

从20世纪90年代初至今，国际组织一直持续开展灾害防御能力评估。1999年，成立联合国减少灾害风险办公室（UNDRR，又称减灾署）。2005年1月，联合国在日本兵库县主持召开第二届世界减灾大会，通过了《兵库宣言》和《2005—2015年兵库行动纲领：加强国家和社区的抗灾能力》，在行动重点中提出了"确定、评估和监测灾害风险并加强预警""国家和地方风险评估，以适当的格式编制和定期更新风险分布图和有关资料，并向决策者、公众和面临风险的社区广为散发""支持研订共同的风险评估和监测方法"。此后，根据联合国大会第61/198号决议，2007年UNDRR组建了减轻灾害风险全球平台会议，使其成为全球减少灾害风险的重要经验交流分享论坛。同时，UNDRR就联合国减少灾害风险框架的实施情况进行跟踪监测评估，每两年发布一次分析总结报告。多年来，UNDRR先后发布了10份（含GAR 2022）报告，围绕减少灾害框架的实施推进，就各类灾害风险应对及灾害影响因素进行了深入的分析研究，提出了大量合理可行的防灾减灾措施建议。

世界气象组织（WMO）于1976年发布了关于大气二氧化碳累积及其对地球气候潜在影响的权威声明，促使国际社会重点关注全球变暖和气候变化问题。随后，世界气象组织于1979年举办了第一次世界气候大会。大会认为，气候变暖是可持续发展甚至是人类生存的主要威胁之一，由此开启了全球气象灾害评估的新起点。

世界气象组织从 1993 年开始每年发表的《全球气候状况声明》,对全球气象灾害状况等展开了评估,如《WMO 2018 年全球气候状况声明》表明,2018 年,与极端天气和气候事件有关的自然灾害影响了全球近 6200 万人,其中水灾影响人口数超过 3500 万。飓风"迈克尔"和"弗洛伦斯"使美国遭受总计超过 490 亿美元的经济损失,导致超过 100 人死亡;超强台风"山竹"影响人口数超过 240 万,其中 134 人死亡;高温和野火在欧洲、日本和美国共造成 1600 多人死亡,给美国造成高达 240 亿美元的经济损失。气候变化还威胁着农业生产,使多年来全球饥饿状况持续好转的势头发生逆转。2017 年,营养不良人口估计已增加到 8.21 亿,部分原因是 2015—2016 年厄尔尼诺现象引发的严重干旱。此外,气候变化还造成了珊瑚褪色和海洋中氧气含量降低等生态环境负面影响。

《WMO 2019 年全球气候状况声明》称,极端高温严重损害人类健康。2019 年,澳大利亚、印度、日本和欧洲均出现了创纪录的高温,其中,热浪导致日本 100 多人死亡,1.8 万人住院治疗;6—9 月的热浪致使法国 1462 人非正常死亡,2 万多人因与高温相关的疾病前往就诊。与此同时,气温升高还加剧了登革热病毒的传播,最近数十年来,全球登革热发病率急剧上升,目前约有一半人口面临感染风险。2019 年上半年,袭击非洲东南部的热带气旋"伊代"、南亚气旋"法尼"和加勒比飓风"多里安",以及发生在伊朗、菲律宾和埃塞俄比亚的洪水使 670 多万人因灾流离失所。2019 年全球热带气旋活动高于平均值,北半球共经历了 72 个热带气旋,南半球则为 27 个。其中,非洲东海岸有史以来最强烈的气旋"伊代"致使马拉维、莫桑比克和津巴布韦近 78 万公顷农田颗粒无收,超过 18 万人无家可归。亚洲的印度、尼泊尔、孟加拉国和缅甸共有 2200 多人在季风期的各类洪灾中丧生,而美国 2019 年因洪水造成的经济损失达 200 亿美元。

1990 年以来,政府间气候变化委员会分别于 1990 年、1995 年、2001 年、2007 年、2014 年、2021 年先后六次发布了全球气候变化评估报告,尤其是第五次、第六次的评估报告,已经认识到气候危害风险不仅来自于气候变化本身,同时也来自于人类社会发展和治理过程,这实际上已经考虑到了对人类社会的气象灾害防御能力建设与能力作用的评估问题。

2.2.2　国外气象灾害评估研究

20 世纪 60 年代之前,包括欧美国家在内的世界各国主要侧重气象灾害防御工程能力建设。1945 年，美国地理学家吉尔伯特·怀特（Gilbert F. White）在研究洪水灾害基础上，提出了"适应与调整"的观点，首次把防灾减灾的视线从单纯的致灾因子研究和工程防御措施扩展到人类对灾害的行为反应，指出可以通过调整人类行为减少灾害影响和损失。但在当时，工程性灾害防御理论及致灾因子论在西方国家处于主流地位，对非工程性因素的作用认识较少。这也是当时重视工程性措施，轻视非工程性措施的重要原因。

20 世纪 70 年代，工程性防御存在的局限越来越明显，非工程性防御逐渐引起了人们的重视。1970—1973 年，美国对加利福尼亚州的地震、滑坡等 10 种自然灾害进行了风险评估，得出 1970—2000 年加利福尼亚州 10 种自然灾害可能造成的损失为 550 亿美元，但如果采取有效的防治措施，生命伤亡可减少 90%，经济损失也可以明显减少。1970—1976 年，美国对各县发生的洪水、地震、台风、海啸、龙卷、滑坡等 9 种自然灾害建立了一套预测模型，并估算了 9 种灾害到 2000 年的期望损失值。

20 世纪 80 年代，美国学者肯尼斯·休伊特（Kenneth Hewitt）等对致灾因子论提出激烈的批评，灾害的本质受到根本性的质疑。1981 年，佩兰达（Pelanda）指出，灾害是由于致灾因子超过了当地社会的应对能力，一种或多种致灾因子对脆弱性人口、建筑物、经济财产或敏感性环境形成打击的结果，是社会脆弱性的呈现。

20 世纪 90 年代，防灾减灾理论与实践向综合化方向发展。1992 年，凯斯·斯密斯（Keith Smith）在《环境灾害》（*Environmental Hazards*）一书中，将灾害风险评估、灾害认识、人类对灾害的脆弱性及对灾害的适应调整进行了系统总结，并对地质灾害、气象灾害、水文灾害等不同类型的灾害进行了灾害特征和防灾减灾分析。肯尼斯·休伊特认为，任何灾害的形成都存在 4 个方面的影响因素，即致灾因子、脆弱性和适应性、灾害的干扰条件、人类的应对和调整。每种因素都会对灾害的形成及灾情严重程度产生影响，因此减轻灾害损失和灾害影响需要综合分析和处理各种影响因素，充分发挥政治、经济、管理、政策等方面的作用，提高人们的应对和调整能力。

2.3 我国气象灾害防御能力评估研究与应用

气象灾害防御能力评估研究是气象灾害评估的重要内容之一，但从早期文献分析来看，气象灾害防御能力评估研究主要被涵盖在气象灾害评估中或灾害评估中，专门进行单独研究的文献较少。近 10 年来专门单独研究灾害防御能力的文献明显增多。从这些文献分析来看，研究成果可以概述为以下方面。

2.3.1　气象灾害防御能力在灾害评估研究中的地位

当前灾害理论界形成的共识，灾害是由致灾因子、孕灾环境、承灾体综合作用的产物，但对致灾机理的研究则存在不同的观点。由于对自然灾害风险形成机理的不同诠释，逐渐形成了对自然灾害风险的不同表达模型。以下列举了当前普遍应用、具有典型代表性的自然灾害风险评估模型（表 2.1）。

表 2.1　典型自然灾害风险评估模型

研究者 / 机构	提出时间	自然灾害风险定义
Maskrey	1989 年	风险 = 危险性 + 易损性
联合国	1991 年	风险 = 危险性 × 易损性
Smith	1996 年	风险 = 致灾因子发生概率 × 损失
Reyna 等	1996 年	风险 =（致灾因子 × 暴露性 × 易损性）/ 备灾
IPCC	2001 年	风险 = 发生概率 × 影响程度
联合国	2002 年	风险 =（致灾因子 × 易损性）/ 恢复力
史培军	2002 年	风险 = 致灾因子 ∩ 孕灾环境 ∩ 承灾体
张继权	2002 年	风险 = 危险性 × 脆弱性 × 暴露性 × 防灾减灾能力
UN/ISDR	2007 年	风险 = 致灾因子 × 脆弱性

从表 2.1 中可以看出，当前自然灾害风险评估并没有形成统一的范式，但均包括了致灾因子（危险性）、孕灾环境（脆弱性）、承灾体（暴露性）和灾害防御能力等因子的讨论。在我国的自然灾害风险评估中，以自然灾害系统理论和自然灾害风险理论最具有代表性。两者的区别在于前者认为致灾因子、孕灾环境和承灾体共同作用导致最终灾害损失，承灾体就是各种致灾因子作用的对象，是人类及其活动所在的社会与各种资源的集合。虽然"各种资源的集合"肯定包括了气象灾害防御能力，但对于人类防灾减灾的主观能力体现得可能不够直观。而后者明确提出把承灾体的自然属性和社会属性区分开来，更突出了防灾减灾的主观能

动性,强调了人类防灾减灾能力对自然灾害风险的影响,对灾害具有加剧或缓解作用。

从气象灾害防御能力评估研究实际来看,对上述三因素和四因素都有应用性研究。在一些需要突出气象灾害防御能力的评估中,一般在掌握致灾因子及其孕灾环境特征以后,对气象灾害防御能力评估主要侧重工程性和非工程性防御能力评估。因此,气象灾害防御能力评估研究,虽然有相同的基础理论支撑,但在具体评估研究中并没有完全统一的范式,需要根据防御能力评估所要达到的目的采取相应的范式。

2.3.2　气象灾害防御能力评估研究的领域

经过近 30 年的发展,现阶段气象灾害防御能力评估研究,既有综合性评估研究,也有分能力领域的评估研究。但涉及社会最关注的领域主要包括以下 3 个。

2.3.2.1 农业领域气象灾害防御能力评估研究

农业是我国经济社会发展的基础产业,同时也是面临气象灾害自然风险最高的产业。因此,加强农业领域气象灾害防御能力建设一直受到各级党委和政府的高度重视,也是我国气象灾害防御能力评估最关注的领域。关于农业气象灾害防御能力的评估,大多包含在气象灾害风险评估或自然灾害风险之中,但也有一些专门评估我国农业气象灾害防御能力的研究。以下简要介绍这方面的有关内容。

（1）农业干旱灾害防御能力的评估研究

干旱是农业面临的最突出灾害,从农业受灾面积分析,进入 21 世纪以来,农业干旱受灾面积占受灾总面积的 46.6%。因此,提高农业干旱灾害防御能力显得特别重要,其能力评估研究也很受重视。

从目前研究情况看,对于农业抗旱能力评估的研究,采用的主要方法是分析旱灾风险和抗旱减灾能力影响因素,选择反映防御能力的代表性指标,构建农业抗旱减灾能力综合评价模型,运用相关方法进行抗旱减灾能力的综合评估。例如,顾颖等（2005）提出,农业抗旱能力是指人类在农业生产区内,通过自身的活动来防御和抗拒自然或人为因素造成的干旱缺水对农作物生长可能带来的危害以及减轻农业干旱灾害的能力。文中提出,人类在农业区的抗旱活动主要包括修建水利工程、开辟新水源，提高干旱期供水能力、增加土壤蓄水保墒能力，选择作物耐旱品种，提高农业技术水平，改善作物的种植结构、节约用水、调整产业结构，提高水的利用率，等等。文中还提出，把抗旱减灾活动分为工程措施抗旱活动和非工程措施抗旱活动两大类，并从水利工程、经济实力、生产水平、应急能力4 个方面选取调蓄率、灌溉率、保收率、节水率、旱田比、浇地率等 8 个指标，利用模糊聚类方法，对全国农业抗旱能力进行了评价分类，并对全国 31 个省（区、市）的农业抗旱能力分区进行了等级评定。其评估结果基本上反映了我国目前农业抗旱能力的强弱及空间分布情况，可以作为我国制定提高农业抗旱能力决策的背景资料，为开展不同领域的气象灾害防御能力评估提供了较好的借鉴。

在农业抗旱能力评估的研究方面，还有杨奇勇等（2007）根据灰色关联分析的理论和方法，运用多目标决策法对湖南 14 个市州的抗旱能力等级进行了评价，并制作了全省不同抗旱效益偏好下的抗旱能力分布图。该研究成果也具有较高的应用价值。邓建伟等（2010）对甘肃省农业抗旱能力进行了综合评价，选择调蓄率、灌溉率、保收率、农村人均收入、投资率、节水率、旱作率、浇地率和抗旱资产等 9 项指标，建立了甘肃省农业抗旱能力综合评价指标体系，应用单目标分析方法，对 2007 年甘肃省 14 个市（州）农业抗旱能力进行了综合评价。还有康蕾等（2014）选择我国五大粮食主产区作为研究区，采用特定时间尺度下的干燥度指标分析了研究区的自然干旱程度，并选择土壤质地、高低需水作物面积比、耕地有效灌溉率、农机动力系数、农林水利事务支出、人均 GDP 等 6 个指标，应用加权求和法评价了研究区的农业抗旱能力现状，分析了其自然干旱背景下的实际农业抗旱能力，得出了五大粮食主产区抗御气象旱灾能力的评估结果。

除以上代表性评估成果外，还有许多从不同视角开展农业防御气象旱灾能力的评估研究。如金菊良等（2013）综合考虑气象条件、农业种植结构及塘坝建设情况，基于水量供需平衡分析的江淮丘陵区塘坝灌区抗旱能力评价。顾颖等（2014）基于水利工程保障能力、经济实力支撑能力、应急抗旱响应能力和生产技术适应能力等 5 个维度，分别选取人均水资源、亩均水资源、供水水源结构比、产水模数、干旱指数、旱作比、高耗水行业用水比等 7 项指标，分析了我国各省级行政区区域抗旱能力的地域分布情势和存在问题。孙可可等（2014）以干旱期间供水满足需水的比例作为抗旱能力指标，通过构建各次干旱过程的抗旱能力指标与干旱频率的一一对应关系，从而得出干旱频率与旱灾损失率间的曲线模型。

总体来看，研究农业气象干旱灾害防御能力评估较为丰富，在此不再一一列举。

（2）农业暴雨洪涝灾害防御能力的评估研究

暴雨洪涝是农业生产所面临的仅次于干旱危害的灾害。从农业受灾面积分析，进入 21 世纪以来，农业洪涝受灾面积占受灾总面积的 27.5%。因此，提高农业洪涝灾害防御能力一直也是重点，其能力评估研究也受到重视。

刘兰芳等（2002）分析了汛期降水和暴雨、植被和土壤、水利设施、经济发展水平等因素在洪涝灾害脆弱性形成中的作用。依据长时间序列的气象资料和经济统计数据，运用数学模型和有关优化分析方法，对衡阳市农业洪涝灾害脆弱性进行定量评估，得出结论：西南部、东北部的洪涝灾害脆弱性高于西北部、东南部。这种规律性与该区洪涝灾害历史发生规律有一定的对应性，说明本研究对该区防洪抗涝决策有一定的借鉴作用。

刘兰芳等（2003）详细分析了水土流失与水利设施、人口密度与人均收入、汛期降水和暴雨、植被和土壤等因素对农业洪涝易损性形成的作用，且依据长时间序列的气象资料和经济统计数据，运用数学模型和有关优化分析方法及 GIS 技术，对湘南农业洪涝易损性进行定量评估，在此基础上提出了降低农业洪涝易损性的对策。

李晶云（2013）选择影响农业洪涝灾害灾后恢复力的 4 个维度、10 个方面的 28 项指标，运用层次分析和实证分析方法，从灾害恢复力的影响制约因素入手构建灾害恢复评估模型，并以湖南省为例对洪涝灾害灾后恢复力进行实证分析，由此提出了提升我国重大洪涝灾害灾后恢复力的对策及建议。

于晶晶等（2014）从小麦品种视角研究了江汉平原小麦的抗渍涝能力，针对 39 个小麦品种不同生育时期（拔节期、孕穗期、开花期、灌浆中期）渍水后对小麦籽粒产量的影响作聚类分析，筛选出 3 个耐渍高产的小麦品种。

类似评估研究成果较多，在此不再一一列举。

2.3.2.2 城市气象灾害防御能力评估研究

改革开放以来，特别是 20 世纪 90 年代以来，我国城镇化进程十分迅速。从 1978 年到 2018 年末，我国城市总数从 193 个增加到 668 个，增长了 246%，城市人口比重由 17.92% 提高到 59.58%，城市总人口从 1.7 亿增加到 8.3 亿。城市快速扩张带来了丰厚的经济发展红利，但也给城市带来严重的安全挑战，特别是大城市在日益频发的气象灾害面前暴露出的巨大脆弱性。进入 21 世纪以来，频繁发生的暴雨、大雪、大雾或强对流天气袭击等气象灾害造成城市交通混乱、事故频发、财产损失惨重，甚至人员伤亡；极端天气事件甚至引发城市物流受阻，供应中断，从而引发社会危机。因此，城市气象灾害防御能力建设越来越受到重视，城市气象灾害防御能力也成为评估研究的重点领域。城市气象灾害防御能力评估研究主要包括以下 3 种。

（1）城市洪涝灾害防御能力评估研究

进入 21 世纪，洪涝成为威胁城市运行秩序和安全的突出自然灾害。住房和城乡建设部 2010 年对国内 351 个城市排涝能力的专项调研显示，2008—2010 年，有 62% 的城市发生过不同程度的内涝，其中内涝灾害超过 3 次以上的城市有 137 个；在发生过内涝的城市中，57 个城市的最大积水时间超过 12 小时。因此，开展城市洪涝防御能力评估十分必要。

葛怡等（2011）通过脆弱性的变化速度来表征系统恢复力，从而构建合适的水灾恢复力评估模型，将灾害恢复力研究推广到可操作层面。基于对脆弱性评估的原有研究基础，尝试在水灾高风险区长沙市构建水灾恢复力评估模型，模拟了 1980—2006 年长沙市水灾恢复力动态变化，估算了该地区 2007 年的水灾恢复力空间分布状况，从而为政府决策提供了可行的恢复力建设方案，为区域风险管理和减灾提供了新方法和新思路。

曹罗丹等（2014）以宁波市下辖县（市、区）为基本评价单元，从防洪基础能力、监测预警基础能力、抢险救灾基础能力和社会基础支持能力 4 个方面，选定 21 个指标因子建立洪涝灾害防灾减灾评价体系，采用层次分析法和模糊综合评价法评估了宁波市防灾减灾能力，为宁波市进行洪涝灾害防御能力建设提供了参考。

唐迎洲等（2014）将上海市防汛减灾能力划分为工程性能力和非工程性能力两大部分，由此建立了包括 2 个一级指标（工程性防汛减灾体系、非工程性防汛减灾体系两大部分）、7 个二级指标、28 个三级指标的三级指标体系，从而对全市防汛减灾能力进行了科学评估。

（2）城市灾害防御能力综合性评估研究

研究城市灾害防御能力综合性评估的成果较多，不同专家从不同视角开展了对城市灾害防御能力综合性评估。

邢大韦等（1997）采用社会因子、人为因子及灾损因子3种类型19种因子评价关中城市防灾抗灾能力，其中灾损因子主要包括气候因子。评估认为，关中城市皆属于防灾抗灾能力较弱的城市，县级市的防灾抗灾能力高于省级市和地级市。这是对城市灾害防御能力评估较早的文献，为进一步发展城市灾害防御能力评估提供了借鉴。

邓云峰等（2005）首次提出包括18个类、76项属性和405项特征的城市应急能力评估体系框架，综合反映了当前我国城市应急能力建设的各个方面，分析了我国城市应急评估一级指标（类）的特征，并提出了我国城市应急能力评估的体系框架，为开展城市应急能力评估提供了参考。

王威等（2012）从城市灾害危险性、易损性和承灾能力3个方面建立城市综合防灾与减灾能力评价指标体系，并给出评价指标分级标准等级值。通过概率方法进行城市综合防灾与减灾能力评价，从而较为客观、快速地评估城市综合防灾与减灾能力水平。最后，通过实例分析验证了该方法的有效性。

杨翼龄等（2012）在系统分析城市灾害综合管理机制的基础上，建立了一套包含灾害监测预警及防御能力、灾时快速反应及救援能力、灾后评估与重建能力、社会配套资源保障能力、信息管理能力等6个主题的城市灾害应急能力自评价指标体系。在此基础上设计了城市灾害应急能力自评价的组织流程和评价方法，并通过实证研究证明该套评价体系在城市灾害应急能力自评价的实践中是切实可行的。

赵润滋（2018）构建了包含7个一级指标、20个二级指标和51个三级指标的城市社区应急备灾能力评估指标体系，评估了陕西省西安市某社区应急备灾能力；同时，通过实证分析发现该社区存在的优势及短板并有针对性地提出了城市社区应急备灾能力建设的对策和建议。

杨洋等（2019）从事件管理全流程的角度，运用德尔菲法和层次分析法，总结形成了城市应急能力评估指标体系，并在海南省、贵州省的多个市（县）成功进行了试点评估应用，为城市应急能力评估工作提供了有效的经验和做法。

（3）城市某方面气象灾害防御能力评估研究

电网是城市运行的命脉，王昊昊等（2010）在查阅、分析已有文献资料的基础上，开展了中国电网应对极端自然灾害技术现状的调研分析工作，采用问卷调查的形式对 2 家网级和 8 家省级电网公司进行了调研，保证了调研评估结果的代表性和全面性。王春晨（2017）基于应急预防阶段、应急准备阶段、应急响应阶段和应急恢复阶段等 4 个阶段构建了电网应急能力指标，通过模糊层次分析法、德尔菲法及实例分析，得出了电网企业应急能力总体效果和应急工作现状，并提出了相应的对策及建议。赵琳（2012）建立了城市气象灾害应急救援服务能力评价指标体系，运用网络分析法和实证分析，对山东省 17 个城市进行气象灾害救援服务能力评估，并提出了相应的政策性建议。

2.3.2.3 综合性气象灾害防御能力评估研究

此类评估多属于基础性研究，研究成果较为丰富，为进一步细化分领域气象灾害防御能力评估提供了重要参考。

颜靖（2012）通过构建灾后洞庭湖区域经济恢复力评估模型评估了洞庭湖区域经济恢复力，并提出了提高洞庭湖区域经济灾后恢复力的措施和建议。胡俊锋等（2013）通过区域综合减灾能力评价模型评估了江西省区域综合减灾能力，并通过实证分析验证了区域综合减灾能力评价指标体系、模型和方法具有较好的科学性、合理性及可行性。

除上述评估研究外，涉及气象灾害防御能力评估的各种研究成果还比较多，在此无法一一提及。进入 21 世纪，政府各部门根据其职责，对其所涉及的气象灾害防御能力均开展了相应的评估研究，并努力推进灾害评估业务化。目前，我国涉及需要进行气象灾害防御能力评估的部门很多，主要有水利、农业、国土、气象、交通、电力、应急等部门。不同部门气象灾害防御工作的侧重点也有所不同，各部门结合实际业务需求，有的专门设置了灾害评估机构，有的在现有机构中专门明确了所需承担的气象灾害评估职能，制定了不同业务标准，并有针对性地开展了灾害防御能力评估研究，在推进本系统气象灾害防御能力建设决策中发挥了重要作用。

2.4 气象灾害防御能力评估研究存在的问题

进入 21 世纪以来，我国气象灾害防御能力评估研究取得了许多重大成果，在气象灾害防御能力建设决策中发挥了重要作用，为我国气象防灾减灾取得重大经济社会效益作出了积极贡献。但是，从促进气象灾害防灾减灾实现"三个转变"

的高度来看，从经济社会发展对气象灾害防御的要求来看，我国气象灾害防御能力评估研究还存在以下问题。

一是气象灾害防御能力评估研究发展总体进展较慢。目前，各领域涉及气象灾害防御能力建设的投入很大，进展也很快，但有关气象灾害防御能力评估研究总体进展还比较缓慢。一方面，由于学科间的关注重点不同，气象灾害防御能力涉及领域和范围十分广泛，所以不同学科和不同领域的气象灾害防御能力研究方法迥异。这导致评估方法及指标体系非常繁杂，很难在某一具体领域形成统一的理论、方法和评价标准。另一方面，在气候变化对气象灾害防御能力影响的事实检验方面，系统性研究成果还不多，相关研究多基于灾情相关统计性数据和气象资料的统计分析，无论是定性评价还是定量估计，均对实际运行能力情况了解的全面性和深入性不够，对能力的作用效果分析也不足。特别是一些综合性研究，受已有研究成果和方法，以及数据和广泛调查不足的限制，还需要应用部门结合实际进行再研究，再经过补充完善才可能转化为业务评估应用。这个过程耗时漫长，导致大多数成果都很难真正从研究向业务转化。

二是评估研究重学术轻应用的现象比较明显。广泛开展气象灾害防御能力评估学术研究，应当值得充分肯定，特别是介绍和引用发达国家对气象灾害评估，包括灾害防御能力评估研究的一些方法和技术。这对我国开展气象灾害防御能力评估工作具有重要借鉴和参考意义。从运用传统的调查研究方法转向运用现代技术方法，也是我国气象灾害防御能力评估必然需要经历的过程。我国采用现代技术方法开展气象灾害评估研究已历经 30 多年，不仅在气象灾害评估领域取得了很多成果，而且在气象灾害防御能力评估中也成果丰硕。

但是，气象灾害防御能力评估应是一门应用性的灾害学分支领域，其根本意义在于应用。目前，气象灾害防御能力评估研究成果大部分来自高等院校和科研机构。虽然也有一些研究对其理论开展了实证研究分析，对指导实践也有一定的参考借鉴意义，但从总体来看，主要还是偏重于学术、偏重于理论，应用性不够强。尤其是一些综合性的气象灾害防御能力评估研究成果学术造诣很高，理论性偏强，在实践中难以被采纳和应用。进入 21 世纪以来，部分政府部门与大学院校开展了合作研究，从而使得大学院校能够获取政府部门提供的数据和资料，对气象灾害防御能力评估研究接触实际情况的了解明显增强。但受学术思维和学术成果评价体系的影响，这些成果依然侧重于学术研究，对实际应用研究不足。从本研究收集到的气象灾害防御能力评估研究文献分析，大部分研究也认为评估研究应用工作还有待加强。

三是灾害防御能力评估研究对人为可控因子明显考虑不足。目前的一些综合性灾害评估研究较多，防御能力分领域研究较少。气象灾害防御能力评估也主要侧重对承灾体指标分类和选取进行系统研究，对致灾因子、孕灾环境指标考虑较多，对承灾体和人为可调控因子考虑较少，或考虑的承灾体和人为可调控因子不具普遍性或相关性低，这样的评估成果应用价值一般较低，业务应用部门的认可度不高。认识气象灾害规律，需要认真研究致灾因子和孕灾环境，这是做好气象灾害防御能力评估的基础性工作。但更需要研究承灾体和人为可控因子，这两者是容易受到防灾减灾措施影响的可变因素，也是提升气象灾害防御决策能力的关键。

四是灾害防御能力评估研究中部门数据信息资源共享度不高。无论在学术界、还是在研究单位或业务部门，都不同程度地存在承灾体和人为可控因子在评估指标体系中考虑不足的情况。其主要原因在于部门数据信息资源共享度不高。致灾因子和孕灾环境的数据基本都是公开的，也比较容易获取。但承灾体和人为可控因子的资料和数据分散在政府各部门，并作为内部资料而存封，除部门自用外，外部门和其学术科研机构均较难获取，最后即使能够获得，也是只能获得过时的资料或数据。这种情况一方面造成学术研究机构取得的灾害评估研究成果与实际应用要求差距很大（包括气象灾害防御能力评估研究成果也基本如此）；另一方面也可能造成各部门的灾害评估业务自成一派，从而大大降低了灾害评估成果的应用效果。

参考文献

曹罗丹，李加林，徐谅慧，等，2014. 宁波市洪涝灾害防灾减灾能力初步评估 [J]. 宁波大学学报（理工版），27(1):84-90.

邓建伟，金彦兆，李莉，2010. 甘肃省农业抗旱能力综合评价 [J]. 人民长江，41(12):105-107.

邓云峰，郑双忠，刘功智，等，2005. 城市应急能力评估体系研究 [J]. 中国安全生产科学技术 (6):33-36.

杜一，李周，1987. 灾害经济学的探索 [J]. 学术研究 (2):13-19.

高庆华，1991. 关于建立自然灾害评估系统的总体构思 [J]. 灾害学 (3):14-18.

葛怡，史培军，周忻，等，2011. 水灾恢复力评估研究：以湖南省长沙市为例 [J]. 北京师范大学学报（自然科学版），47(2):197-201.

顾颖，倪深海，王会容，2005. 中国农业抗旱能力综合评价 [J]. 水科学进展 (5):700-704.

顾颖，张东，郦建强，等，2014. 区域抗旱能力评价技术开发与应用 [J]. 水利水电技术，45(4):145-148.

胡俊锋，张宝军，杨佩国，等，2013. 区域综合减灾能力评价模型和方法研究与实证分析 [J]. 自然灾害学报 (5):15-24.

金菊良，原晨阳，蒋尚明，等，2013. 基于水量供需平衡分析的江淮丘陵区塘坝灌区抗旱能力评价 [J]. 水利学报，44(5):534-541.

康蕾，张红旗，2014. 我国五大粮食主产区农业干旱态势综合研究 [J]. 中国生态农业学报 (8):928-937.

李晶云，2013. 农业洪涝灾害灾后恢复力评估研究 [D]. 湘潭：湖南科技大学.

林一山，1958. 关于长江流域规划的初步意见 [J]. 人民长江 (4):1-15.

刘兰芳，钟顺清，唐云松，2003. 农业洪涝灾害风险分析与评估：以湘南农业洪涝易损性为例 [J]. 农业现代化研究 (5):380-383.

刘兰芳，邹君，刘湘南，2002. 农业洪涝灾害脆弱性成因分析及评估：以湖南省衡阳市为例 [J]. 长江流域资源与环境 (3):291-295.

刘新立，史培军，2001. 区域水灾风险评估模型研究的理论与实践 [J]. 自然灾害学报 (2):66-72.

刘雪梅，1999. 贵州洪涝灾害的承灾能力评估及对策研究 [J]. 贵州气象 (5):17-19.

陆亚龙，1997. 气象灾害风险评估在防灾减灾中的作用 [J]. 中国减灾 (1):24-26.

曲国胜，高庆华，杨华庭，1996. 我国自然灾害评估中亟待解决的问题 [J]. 地学前缘 (2):212-218.

史培军，1996. 再论灾害研究的理论与实践 [J]. 自然灾害学报，5(4):6-17.

史培军，虞立红，张素娟，1989. 国内外自然灾害研究综述及我国近期对策 [J]. 干旱区资源与环境 (3):163-172.

孙可可，陈进，金菊良，等，2014. 实际抗旱能力下的南方农业旱灾损失风险曲线计算方法 [J]. 水利学报，45(7):809-814.

唐迎洲，2014. 上海市防汛减灾能力评价指标体系研究 [J]. 给水排水 (6):34-38.

王春晨，2017. 电网企业自然灾害突发事件应急能力评估 [D]. 北京：华北电力大学．

王春乙，王石立，霍治国，等，2005. 近10年来中国主要农业气象灾害监测预警与评估技术研究进展 [J]. 气象学报 (5):659-671.

王昊昊，罗建裕，徐泰山，等，2010. 中国电网自然灾害防御技术现状调查与分析 [J]. 电力系统自动化，34(23):5-10+118.

王威，苏经宇，马东辉，等，2012. 城市综合防灾与减灾能力评价的实用概率方法 [J]. 土木工程学报，45(S2):121-124.

邢大韦，张玉芳，粟晓玲，1997. 陕西关中城市防灾抗灾能力评估 [J]. 西北水资源与水工程 (3):10-14+16-19+26.

颜靖，2012. 洪涝灾害灾后农业经济恢复力评估研究 [D]. 湘潭：湖南科技大学．

杨奇勇，冯发林，巢礼义，2007. 多目标决策的农业抗旱能力综合评价 [J]. 灾害学 (2):5-8.

杨洋，颜爱华，王国栋，等，2019. 城市应急能力评估指标体系研究及实践 [J]. 中国应急救援 (6):32-35.

杨翼舲，张利华，黄宝荣，等，2010. 城市灾害应急能力自评价指标体系及其实证研究 [J]. 城市发展研究，17(11):118-124.

于晶晶，王小燕，段营营，等，2014. 江汉平原主推小麦品种抗渍能力研究 [J]. 湖北农业科学，53(4):760-764.

赵琳，2012. 城市气象灾害应急救援服务能力评估研究 [D]. 南京：南京信息工程大学．

赵润滋，2018. 城市社区应急准备能力评估研究 [D]. 西安：西北大学．

第 3 章
我国气象灾害防御能力建设现状

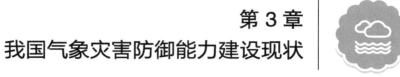

近年来，针对频发的暴雨洪涝、干旱、台风，以及山体滑坡、泥石流、森林火灾等重大灾害，各部门按照党中央和国务院部署，不断加强气象灾害防御能力建设，极大地提高了气象灾害防御能力，实现了最大程度减少人民生命财产损失，为经济社会发展作出了重大贡献。

3.1　我国气象灾害概况

3.1.1　2001—2019 年气象灾害损失概况

（1）总体经济损失情况

进入 21 世纪以来，气象灾害导致的直接经济损失占国内生产总值（GDP）的比重年均达到 0.82%，是同期全球平均水平（0.14%）的 5.8 倍。根据统计，2001—2019 年我国气象灾害造成的直接经济损失达 5.483 万亿元，年均达 2885.8 亿元，占 GDP 的比重年均达 0.82%（表 3.1）。

表 3.1　2001—2019 年全国气象灾害直接经济损失情况

年份	直接经济损失（亿元）	占 GDP 比重	占新增 GDP 比重
2001 年	1942	1.75%	18.35%
2002 年	1717	1.41%	15.82%
2003 年	1190.36	0.87%	7.58%

年份	直接经济损失（亿元）	占 GDP 比重	占新增 GDP 比重
2004 年	1565.9	0.97%	6.41%
2005 年	2101.3	1.12%	8.25%
2006 年	2516.9	1.15%	7.84%
2007 年	2378.5	0.88%	4.70%
2008 年	3244.5	1.02%	6.60%
2009 年	2490.5	0.71%	8.51%
2010 年	5097.5	1.24%	8.01%
2011 年	3034.6	0.62%	4.00%
2012 年	3358	0.62%	6.63%
2013 年	4766	0.80%	8.76%
2014 年	2953.2	0.46%	5.84%
2015 年	2704.1	0.39%	5.97%
2016 年	5032.9	0.67%	8.75%
2017 年	2850.42	0.34%	3.33%
2018 年	2615.6	0.28%	3.00%
2019 年	3270.9	0.33%	4.57%
总计	54830.18	—	—
平均	2885.8	0.82%	7.52%

（2）农业受灾面积情况

农业生产完全暴露在自然环境下，最容易受到气象灾害的影响。根据受灾情况统计，2001—2019 年，我国农业受灾面积 63794.25 万公顷，年均受灾面积 3357.6 万公顷，最高年份 2001 年达到 5221.5 万公顷，最低年份 2017 年为 1847.62 万公顷，年均受灾率 21.36%（表 3.2）。

表 3.2　2001—2019 年我国农业受灾面积及受灾率 [①]

年份	农作物受灾面积（万公顷）	受灾率（%）
2001 年	5221.5	33.53%
2002 年	4711.91	30.47%
2003 年	3177.4	20.85%
2004 年	3765	24.52%
2005 年	3875.5	24.92%
2006 年	4111	27.02%
2007 年	4961.4	32.33%
2008 年	4000.4	25.60%
2009 年	4721.4	29.77%
2010 年	3742.6	23.29%
2011 年	3252.5	20.04%
2012 年	2496	15.27%
2013 年	3123.4	18.97%
2014 年	2489.1	15.21%
2015 年	2176.9	13.18%
2016 年	2622.1	15.72%
2017 年	1847.62	11.07%
2018 年	2081.43	12.51%
2019 年	1925.69	11.61%
总计	63794.25	—
平均	3357.6	21.36%

（3）灾害造成人口死亡情况

气象灾害直接威胁到人们的生命安全，从气象灾害造成的死亡人口来看，

---

① 受灾率＝农业受灾面积 / 农业种植总面积。

2001—2019 年，我国因气象灾害造成的人口死亡数量为 35265 人，年均为 1856 人（表 3.3）。

表 3.3　2001—2019 年我国因气象灾害造成的人口死亡数量

年份	死亡人口（人）
2001 年	2538
2002 年	2384
2003 年	1479
2004 年	2457
2005 年	2710
2006 年	3485
2007 年	2713
2008 年	2018
2009 年	1367
2010 年	4005
2011 年	1087
2012 年	1390
2013 年	1925
2014 年	849
2015 年	1216
2016 年	1432
2017 年	828
2018 年	566
2019 年	816
总计	35265
平均	1856

3.1.2 近年气象灾害发生状况

3.1.2.1 2016年气象灾害发生状况

（1）主要灾害性天气

2016年，受厄尔尼诺影响，全国极端气候与天气灾害频发多发。全国共出现51次强降雨天气过程，平均降雨量为1951年以来最多，并且略高于1998年；长江中下游地区梅雨期间降雨量较常年同期偏多70%以上，长江流域发生自1998年以来最大洪水，太湖发生流域性特大洪水；当年暴雨洪涝灾害具有南北齐发的特征，南方6月底和华北7月下旬分别出现南北两地最强强降雨过程。全国共发生59次大范围强对流天气过程，雷暴大风、冰雹、龙卷风等突发性强对流天气均为2010年以来最多。共有8个台风登陆我国，较常年偏多1个，强度偏强，并在福建省产生较为严重的灾情。总体而言，2016年极端降水、强对流天气及台风产生的影响较往年加重，但干旱、低温冷冻和雪灾的影响有限，基本与往年持平。

（2）总体受灾害情况

2016年，我国自然灾害以洪涝、台风、风雹和地质灾害为主，旱灾、地震、低温冷冻、雪灾和森林火灾等灾害也均有不同程度发生。各类自然灾害共造成全国近1.9亿人次受灾，1432人因灾死亡，274人失踪，910.1万人次紧急转移安置，353.8万人次需紧急生活救助；52.1万间房屋倒塌，334万间不同程度损坏；农作物受灾面积2622万公顷，其中绝收290万公顷；直接经济损失5032.9亿元。

（3）气象灾害经济损失分析

2016年，受厄尔尼诺极端气候的影响，台风灾害、洪涝灾害及强对流灾害频发，如"莫兰蒂"等超级台风、长江流域持续强降雨、历史罕见超强寒潮、江苏盐城冰雹龙卷风、"7·20"华北超强暴雨等严重气象灾害，导致2016年直接经济损失将近5000亿元，占GDP比重为0.67%。

2016年，气象灾害造成直接经济高损失区主要集中在河北、陕西和湖北等区域，直接经济损失分别达到约 455 亿元、713 亿元和 1209 亿元，主要受厄尔尼诺影响，全国暴雨频发，汛期形势严峻，尤其是长江中下游"暴力梅"及华北暴雨灾害带来的影响；直接经济损失较为严重的地区主要集中在长江中下游，主要有湖南、江西和福建，经济损失分别达到约 256 亿元、248 亿元和 203 亿元，主要受长江中下游"暴力梅"及台风灾害的影响；直接经济损失较轻的地区分布较为分散，主要集中在东北三省，新疆、青海等西北地区，以及四川、重庆、贵州等西南地区。

（4）农业受害情况分析

2016 年，全国主要气象灾害造成农作物受灾面积 2622 万公顷，气象灾害造成的农作物受灾有较强的时空差异。2016 年，气象灾害造成农作物受灾最严重的区域主要集中在内蒙古和湖北，受灾面积分别达到 2.2 万公顷和 12.1 万公顷；较严重的区域主要集中在江西，受灾面积达到 1.5 万公顷；严重区域主要集中在湖南和甘肃，受灾面积分别达到 1 万公顷和 0.8 万公顷；受灾较轻的区域主要集中在东北三省及西北地区的青海、陕西、新疆等省份，西南地区的四川、重庆、贵州、广西等省份，华东地区的山东、浙江、安徽、江苏、福建等省份。

受气候影响，2016 年冬小麦生长前期气候条件较好，但后期雨日偏多；早稻生育期内频繁出现暴雨洪涝、寡照、高温等灾害性天气，气候条件较差；晚稻、一季稻和玉米产区气候条件接近常年；极端灾害性天气对农林渔业都产生了一定的影响。

（5）气象灾害造成的人口死亡情况分析

2016 年，气象灾害造成的死亡人数为 1432 人。从时间上看，2016 年气象灾害造成的死亡（失踪）人数主要集中在 6—7 月，由于 6—7 月暴雨洪涝灾害突发连发，灾情发展迅猛，死亡（失踪）人口占全年的一半以上（图 3.1）。2016 年因气象灾害造成的死亡人口超过 65 人以上的区域面积不仅扩大了，而且区域分布也发生了明显变化，主要集中在长江以南区域，如湖北、湖南、江西、福建、云南和广西等地，以及长江以北的河北和江苏等地，这主要是因为 2016 年全国入汛早，江南、华南及华北等地区多次出现历史罕见的强降雨过程，并由此引发了严重的山体滑坡、泥石流和城乡积涝等次生灾害，同时华南地区还深受强台风登陆的影响。2016 年，因气象灾害死亡人口在 45 人以上 65 人以下的主要有广东和新疆等省份，死亡人口分别达 59 人和 47 人；因气象灾害死亡人口在 25 人以上 45 人以下的主要有四川、贵州和浙江等省份；因气象灾害死亡人口相对较少的区域主要集中在东北三省、西北地区大部，如甘肃、宁夏、内蒙古、西藏等省份，以及华北部分地区。

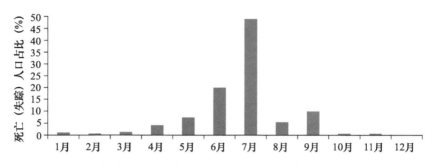

图 3.1　2016 年全国因气象灾害造成的死亡（失踪）人口占比的时间分布

3.1.2.2　2017 年气象灾害发生状况

（1）主要灾害性天气

2017 年，全国自然灾害以洪涝、台风、干旱灾害为主，暴雨、干旱、台风、强对流、低温冷害等灾害性天气频繁发生，并引发气象灾害。在汛期，全国共出现 36 次暴雨过程，且暴雨落区重叠度高、极端性强，导致多地发生严重洪涝及次生地质灾害。共有 8 个台风登陆我国，且台风生成和登陆时间比较集中、登陆地点重叠度高，影响重大。大风、冰雹、龙卷风等局地强对流天气发生频繁，多地遭受损失，全国 1601 个县（市、区）出现冰雹或龙卷风天气，尤其北方风雹灾害突出，多地遭受损失。华北、东北、长江中下游平原等粮食主产区出现中至重度干旱，导致农作物生长发育和产量受到影响。此外，全国范围内低温冻害、雪灾，以及由气象原因引发的崩塌、滑坡、泥石流、森林火灾、污染天气等次生、衍生灾害也不同程度发生。

（2）总体受灾害情况

2017 年，各类自然灾害共造成全国 1.4 亿人次受灾，直接经济损失 3018.7 亿元，比近 5 年平均损失低 23.4%，包括气象因素导致的暴雨洪涝、滑坡、泥石流、干旱、低温冻害等造成的损失，其中地质灾害造成的直接经济损失为 2850 亿元，因旱灾造成直接经济损失 375 亿元，因低温冷冻和雪灾造成直接经济损失 19 亿元。各项气象灾害直接经济损失总额比 2016 年减少 2014.2 亿元，下降约 40%。其中，洪涝和地质灾害直接经济损失减少 1224.5 亿元；台风直接经济损失为 346.2 亿元，远低于 2016 年的 766.4 亿元。这些数据表明，2017 年气象年景较好，整体属于灾害偏轻年份。

（3）气象灾害经济损失分析

从多年气象灾害经济损失趋势上看，我国气象灾害造成的直接经济损失占 GDP 的比重呈持续下降态势（2008 年除外），2017 年降至 0.38%，为 2000 年以来最低值，仅为近 20 年平均值的 19.3%。这一趋势表明因气象灾害造成的直接经济损失影响逐年降低。

2017 年，全国 31 个省（区、市）的近 2400 个县（市、区）不同程度受到自然灾害影响，受灾区数量占全国县级行政区总数 80% 以上。其中，气象灾害造成直接经济损失超过 300 亿元的有 3 个省份，分别为湖南（588 亿元）、吉林（393 亿元）、广东（316 亿元）；气象灾害直接经济损失低于 10 亿元的有 4 个省份，分别为北京、天津、江苏、海南（图 3.2）。

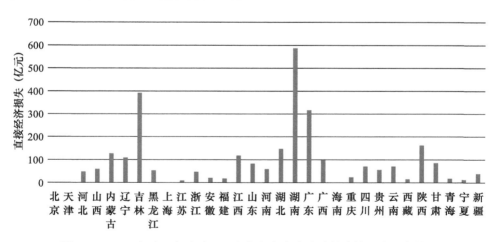

图 3.2　2017 年全国各省（区、市）气象灾害造成的直接经济损失情况
（数据来源：中国气象局决策服务共享平台）

（4）农业受害情况分析

2017 年，全国主要气象灾害造成农作物受灾面积 1848 万公顷，比 2016 年

减少 774 万公顷，比 2014 年减少 1123 公顷。影响我国农业的气象灾害主要是暴雨洪涝、干旱和低温。气象灾害造成农作物受灾面积超过 100 万公顷的有 5 个省份，分别为内蒙古（391.73 万公顷）、黑龙江（155.05 万公顷）、湖北（143.71 万公顷）、河南（124.7 万公顷）、湖南（121.77 万公顷）；农作物受灾面积低于 10 万公顷的有 6 个省份，分别为北京、天津、江苏、福建、海南、西藏（图 3.3）。

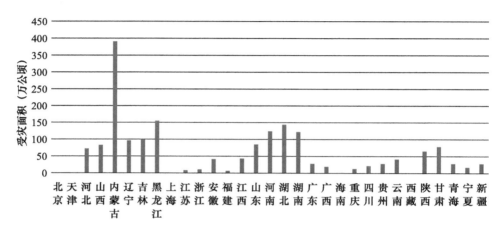

图 3.3　2017 年全国各省（区、市）农作物气象灾害受灾面积分布
（数据来源：《气象统计年鉴 2017》）

（5）气象灾害造成的人口死亡情况分析

2017 年，全国气象灾害造成的死亡人数为 828 人，为 2004 年以来死亡人口第 3 少年份。从成因上分析，2017 年气象灾害造成的人口死亡（失踪），主要是由暴雨洪涝灾害及滑坡、泥石流等次生衍生灾害造成的死亡（失踪）人口占 7 成以上。同时，2017 年全国由于台风造成的死亡人口为 44 人，较 2016 年的 198 人大幅度降低，为 2001 年以来死亡人口平均值的 22%。

从各省（区、市）因气象灾害死亡（失踪）人口分布上看，2017 年气象灾害造成人口死亡（失踪）在 80 人以上的有 4 个省份，分别是四川（143 人）、湖南（95 人）、云南（90 人）、广西（82 人）；没有发生人口死亡（失踪）的有 5 个省份，分别是浙江、海南、宁夏、上海、天津（图 3.4）。

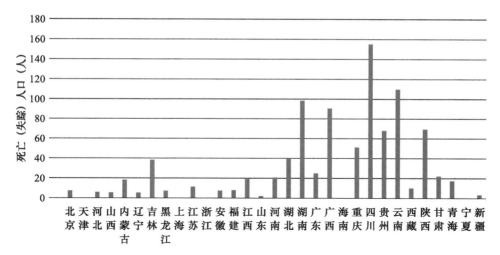

图 3.4　2017 年全国各省（区、市）因气象灾害死亡（失踪）人口分布

（数据来源：《气象统计年鉴 2017》）

此外，针对气象次生和衍生灾害，气象部门联合水利、自然资源、应急管理等部门探索开发了地质灾害定量化预报系统和地质灾害气象风险预报模型，完善地质灾害风险预警业务，全年成功避让地质灾害 1016 起，避免可能造成伤亡人数 39869 人。在应对四川茂县"6·24"山体高位垮塌、九寨沟地震、内蒙古森林火灾等防灾减灾救灾服务中，充分发挥了气象服务保障作用。

3.1.2.3　2018 年气象灾害发生状况

（1）主要灾害性天气过程

2018 年，我国气温偏高，降水偏多。全年生成和登陆台风数量多，登陆台风北上比例高，灾害损失重。低温冷冻灾害及雪灾频发，夏季暴雨过程频繁，全国共出现 21 次暴雨过程，没有发生大范围流域性暴雨洪涝灾害；东北及中东部地区高温极端性突出，区域性和阶段性干旱明显；有 10 个台风在沿海登陆，较常年（7.2 个）偏多近 3 个。

（2）总体受灾害情况

2018 年，气象灾害共造成全国 1.3 亿人次受灾，直接经济损失 2615.6 亿元，比近 5 年平均损失低 17%。其中，因台风造成的直接经济损失 697.3 亿元，暴雨洪涝造成的直接经济损失 1060.5 亿元，高温和干旱造成的直接经济损失 255.3 亿元。

从多年经济损失变化趋势看，全国气象灾害造成的直接经济损失占 GDP 的比重呈持续下降态势，2018 年降至 0.29%，为 2004 年以来最低值。这表明，由于气象灾害防御能力不断提升，因气象灾害造成的直接经济损失占比呈逐年下降趋势。

（3）气象灾害经济损失分析

2018 年，全国 31 个省（区、市）不同程度地受到气象灾害的影响。其中，气象灾害造成直接经济损失超过 200 亿元的有 4 个省份，分别是甘肃（249.8 亿元），广东（258.6 亿元），山东（289.6 亿元）、四川（340 亿元）；气象灾害直接经济损失低于 10 亿元的有 5 个省份，分别是上海、天津、宁夏、海南（图 3.5）。

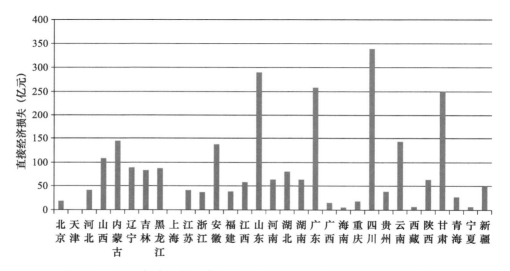

图 3.5　2018 年全国各省（区、市）气象灾害造成的直接经济损失情况

（数据来源：《气象统计年鉴 2018》）

（4）农业受害情况分析

从各省（区、市）农作物气象灾害受灾面积分布来看，2018 年气象灾害造成农作物受灾面积超过 100 万公顷的省份有 6 个，分别是湖北（107.61 万公顷）、河南（116.77 万公顷）、吉林（131.97 万公顷）、辽宁（146.73 万公顷）、内蒙古（262.98 万公顷）以及黑龙江（415.5 万公顷）；农作物受灾面积低于 10 万公顷的有 8 个省份，分别是北京、上海、天津、青海、重庆、福建、海南、西藏（图 3.6）。

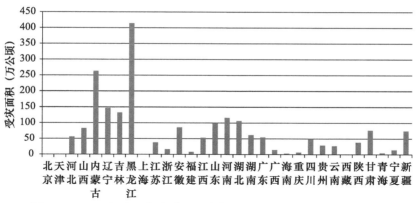

图 3.6　2018 年全国各省（区、市）农作物气象灾害受灾面积分布

（数据来源:《气象统计年鉴 2018》）

（5）气象灾害造成的人口死亡情况分析

2018 年，全国气象灾害造成的死亡人数为 566 人，为 2004 年以来死亡人口最低年份；受影响人口 13517.8 万人，为 2004 年以来受影响人口最低年份。从成因上分析，2018 年气象灾害造成的人口死亡（失踪），主要是暴雨洪涝灾害及滑坡、泥石流等次生衍生灾害导致的，由此造成的死亡（失踪）人口占 7 成以上。由于本年度有强台风"山竹""玛莉亚""安比""温比亚""苏力"等，全国由于台风造成的死亡人口为 80 人，是 2001 年以来死亡人口平均值的 41%。

从各省（区、市）因气象灾害死亡（失踪）人口分布上看，2018 年气象灾害造成人口死亡（失踪）在 40 人以上的有 4 个省份，分别是山东（40 人）、新疆（42 人）、甘肃（81 人）、云南（82 人）；没有发生人口死亡（失踪）的有 6 个省份，分别是北京、上海、天津、海南、吉林、辽宁（图 3.7）。

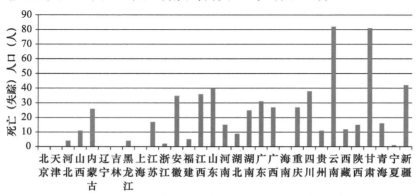

图 3.7　2018 年全国各省（区、市）因气象灾害死亡（失踪）人口分布

（数据来源:《气象统计年鉴 2018》）

3.1.2.4　2019 年气象灾害发生状况

（1）主要灾害性天气

2019 年，我国自然灾害以洪涝、台风、干旱及次生地质灾害为主，森林草原火灾和风雹、低温冷冻、雪灾等灾害也有不同程度发生。1—2 月南方地区出现罕见阴雨寡照天气，2 月中旬北方降雪覆盖 1/7 国土面积，7 月初辽宁开原遭遇罕见强龙卷袭击，云南温高雨少遭受严重春夏连旱，长江中下游地区发生严重伏秋连旱，华南出现 1961 年以来最长汛期，华西秋雨期明显偏长雨日偏多，连续强降水致贵州水城发生"7·23"特大山体滑坡，相继发生青海玉树雪灾、四川木里森林火灾等重大自然灾害。全年有 5 个台风登陆我国沿海大陆，登陆强度总体偏弱，仅超强台风"利奇马"造成严重灾害损失；暴雨过程多，但暴雨洪涝灾害损失总体偏轻；高温日数多，区域性特征明显；区域性和阶段性干旱明显。

（2）总体受灾害情况

气象灾害造成的损失总体属于偏轻年份。全国 1.3 亿人次受灾，直接经济损失 3270.9 亿元，其中，因台风造成的直接经济损失 588.7 亿元，暴雨洪涝造成的直接经济损失 1922.7 亿元，高温和干旱造成的直接经济损失 457.4 亿元，大风、冰雹和雷电造成的直接经济损失 183.4 亿元，低温冷冻和雪灾造成的直接经济损失 27.7 亿元。

（3）气象灾害经济损失分析

从多年经济损失变化趋势看，全国气象灾害造成的直接经济损失占 GDP 的比重呈波动下降态势。这表明，由于气象灾害防御能力不断提升，因气象灾害造成的直接经济损失占比总体呈下降趋势。

2019 年，全国 31 个省（区、市）不同程度地受到气象灾害的影响。其中，气象灾害造成的直接经济损失超过 200 亿元的有 6 个省份，分别是浙江（552.6 亿元），山东（425.3 亿元），四川（340.9 亿元）、江西（333.6 亿元）、湖南（243.1亿元）、黑龙江（221.4 亿元）；气象灾害造成的直接经济损失低于 10 亿元的有 6个省份，分别是北京、天津、上海、宁夏、海南、西藏（图 3.8）。

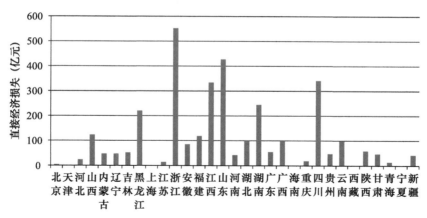

图 3.8　2019 年全国各省（区、市）气象灾害造成的直接经济损失情况

（数据来源:《气象统计年鉴 2019》）

（4）农业受害情况分析

2019 年，全国主要气象灾害造成农作物受灾面积 1925.69 万公顷，绝收面积 280.5 万公顷，是自 2004 年以来农作物受灾面积第 2 低年份。在农业受灾面积中，干旱导致的受灾面积占气象灾害总受灾面积的 41%，暴雨洪涝占 35%，台风占 10%，低温冷冻灾害和雪灾占 3%。从各省（区、市）农作物气象灾害受灾面积分布分析，2019 年气象灾害造成农作物受灾面积超过 100 万公顷的有 7 个省份，分别是黑龙江（354.07 万公顷）、云南（156.89 万公顷）、湖北（142.98 万公顷）、山东（134.07 万公顷）、江西（120.07 万公顷）、山西（147.37 万公顷）、内蒙古（145.35 万公顷）；农作物受灾面积低于 10 万公顷的有 8 个省份，分别是北京、上海、天津、青海、重庆、宁夏、海南、西藏（图 3.9）。

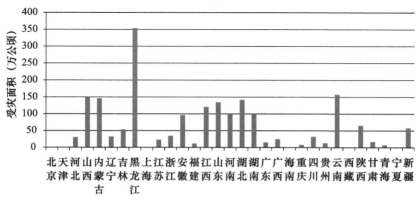

图 3.9　2019 年全国各省（区、市）农作物气象灾害受灾面积分布

（数据来源:《气象统计年鉴 2019》）

（5）气象灾害造成的人口死亡情况分析

2019 年，全国气象灾害造成的死亡人数为 816 人，是 2004 年以来死亡人口第 2 少年份；受影响人口 13759 万人，是 2004 年以来受影响人口第 2 少年份。从成因上分析，2019 年气象灾害造成的人口死亡（失踪），主要为暴雨洪涝灾害及滑坡、泥石流等次生衍生灾害所导致，由其造成的死亡（失踪）人口占 7 成以上。本年度台风生成多，登陆强度总体偏弱，仅台风"利奇马"造成的灾害损失较重。全国由于台风造成的死亡人口为 74 人，为 2001 年以来死亡人口平均值的 39%。

从各省份气象灾害死亡（失踪）人口分布分析，2019 年气象灾害造成人口死亡（失踪）在 50 人以上的有 8 个省份，分别是浙江（64 人）、江西（56 人）、广东（54 人）、广西（104 人）、四川（159 人）、贵州（76 人）、云南（70 人）、陕西（52 人）；没有发生人口死亡的有 3 个省份，分别是上海、天津、新疆（图 3.10）。

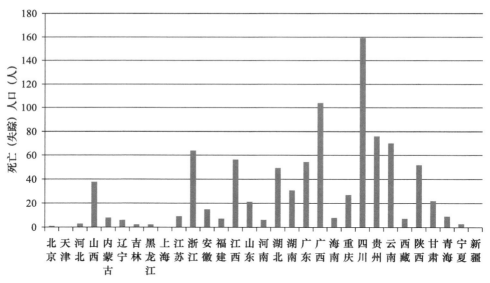

图 3.10 2019 年全国各省（区、市）因气象灾害死亡（失踪）人口分布

（数据来源：《气象统计年鉴 2019》）

3.2 ❋ 气象灾害防御能力建设水平

在中国共产党的领导下，新中国成立 70 多年来，我国已经逐步形成了较为完备的防洪防台抗旱减灾工程体系和非工程措施体系，总体来看，气象灾害防御能

力达到较高水平。

3.2.1　防洪抗旱工程性能力建设

经过 70 年的防洪建设，各流域已形成了较完备的防洪工程体系，主要江河的防洪标准有了较大提高，基本上能防御新中国成立以来的最大洪水。根据吕娟等（2019）的文献统计，截至 2017 年底，全国已形成的工程性能力包括：

①堤防和水闸。全国 5 级及以上江河堤防 30.6 万千米，达标堤防 21.0 万千米，堤防达标率为 68.6%；建成流量为 5 米³/ 秒及以上的水闸 103878 座，其中大型水闸 893 座。

②水库和枢纽。各类水库 98795 座，总库容 9035 亿米³。

③机电井和泵站。日取水大于或等于 20 米³ 的供水机电井或内径大于 200 毫米的灌溉机电井共 496.0 万眼；各类装机流量 1 米³/ 秒或装机功率 50 千瓦以上的泵站 9.5 万处。

④灌溉工程。设计灌溉面积 133.3 公顷及以上的灌区 2.3 万处，全国总灌溉面积 7333.3 万公顷（近 11 亿亩）。全国引水灌溉工程供水量 1958.1 亿米³。

⑤调水工程。已建成引滦入津、引黄济津、引黄济青、引黄入晋、南水北调、引黄入冀补淀等调水工程。正在实施的大型调水工程有滇中调水、引额济乌、引江济淮、珠江三角洲水资源配置工程等。

3.2.2　城市气象灾害防御工程性能力建设

随着我国城市建设步伐的加快和城市规模与数量的不断增长，城市面临的灾害风险也日显严峻，尤其是洪水、大风、雾霾、雨雪、雷电、高温、海洋灾害等各种自然灾害风险不断发生，严重影响城市正常运行和社会发展。进入 21 世纪，我国城市灾害防御系统性工程性能力建设被提到重要议事日程。

（1）实施海绵城市建设工程

为了治理"城市看海""大雨即涝"的城市病，"十三五"期间，按照建设自然积存、自然渗透、自然净化的海绵城市的总体要求，海绵城市建设在全国许多城市陆续展开，五年间全国 30 个试点城市共完成海绵城市建设项目 4979 个，其中改造了 2576 个建筑和小区 1093 条道路，完成了约 3400 千米管网改造与建设。除 30 个试点城市，13 个省份还在 90 个城市开展了省级海绵城市试点，有 538 个城市编制了相应规划，累计建成各类海绵城市建设项目 3.3 万余个，完成总投资 1.06 万亿元，大大缓解了城市内涝现象，城市防灾减灾能力明显提高，有效改善了城市人居环境。

（2）城市气象灾害防御基础设施建设工程

《国务院办公厅关于做好城市排水防涝设施建设工作的通知》（国办发〔2013〕23 号）提出，要在摸清现状基础上，编制完成城市排水防涝设施建设规划，力争用 5 年时间完成排水管网的雨污分流改造，用 10 年左右的时间，建成较为完善的城市排水防涝工程体系。根据国家要求，到 2019 年，全国各大中小城市均制定实施了城市排水防涝设施建设规划，明确排水出路与分区，科学布局排水管网，确定排水管网雨污分流、管道和泵站等排水设施的改造与建设、雨水滞渗调蓄设施、雨洪行泄设施、河湖水系清淤与治理等建设任务。全国 60 个排水防涝补短板城市排查整治 1116 个易涝积水区段，越来越多的城市通过改造和治理境内水系和路网交通，就地消纳和利用降雨。除此之外，对城市房屋、道路、管道、机场、港口和仓库等重要基础设施提高了设防等级水平，尤其是对学校、医院、房屋等关键设施提高物理设防标准，城市适应环境变化和应对自然灾害的能力大大提高。

3.2.3 气象灾害防御非工程性能力建设

我国一直十分重视气象灾害防御非工程性能力建设，特别是 1998 年长江发生特大洪水以后，更系统、更全面地加强了气象灾害防御非工程性能力建设，包括气象灾害防御法律法规、规划、标准、风险区划、风险标识、风险认证、备灾、预案、监测、预报预警、应急、演练、救援、调度、保险、救济、组织、动员和科普等全面推进，通过 20 多年的建设，气象灾害防御非工程性能力得到极大增强，仅从气象灾害监测、预报预警、应急等方面分析，就可以发现目前我国气象灾害防御非工程性能力已达到较高水平。

（1）气象灾害防御监测能力水平

我国建成了世界上规模最大、覆盖最全的综合气象观测系统，已经达到世界先进水平。截至 2018 年，全国形成了 1 万多个国家级地面气象观测站，区域自动气象观测站近 5.5 万个，乡镇覆盖率达到 96%（图 3.11）；成功发射 17 颗风云系列气象卫星，8 颗在轨运行，220 部新一代多普勒天气雷达组成了严密的气象灾害监测网，初步建立了生态、环境、农业、海洋、交通、旅游等专业气象监测网（图 3.12）；建成了高速气象网络、海量气象数据库、超级计算机系统，气象高速宽带网络达到每秒千兆，气象数据存储总量达到 300 TB，高性能计算峰值达到每秒 8 千万亿次。

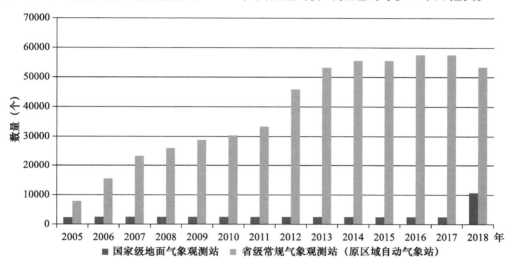

图 3.11　2005—2018 年历年气象台站数量

（数据来源：《气象统计年鉴 2005—2018》）

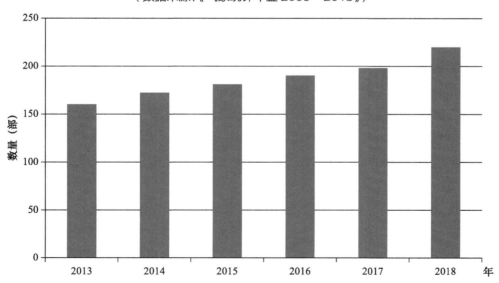

图 3.12　新一代天气雷达布网数量

（数据来源：《气象统计年鉴 2013—2018》）

截至 2017 年底，全国水利系统已建各类水文测站 11 万处，向县级以上防汛指挥部门报送水文信息的各类水文测站 59104 处，县级以上防汛部门配置各类卫星设备 2731 台（套），具备北斗卫星短报文传输能力的报汛站达 7900 多个，全国省级以上防汛部门各类信息采集点达 42 万处，大中型水库安全监测采集点约 22.4 万个。地质灾害管理部门在重点地区，如长江三峡水库区、汶川地震灾区及其他工程区对约 1 万处地质灾害隐患点开展了专业监测。

目前，我国"海陆空天"四位一体的气象灾害监测网络日趋成熟，已经形成了以海岛气象站、船舶自动站、海洋气象浮标站、海洋探测基地、港口监测、海上气象灾害应急艇、地面探空、自动气象站、探空观测、高性能无人机及卫星监测等多种观测手段相结合的全过程观测系统。气象灾害监测"盲区"越来越少，气象灾害高发区和易发区、西部地区、资料稀疏区和国家重要基础设施沿线气象灾害监测能力有效提升，全球气象灾害监测覆盖面逐渐扩大。尤其是我国风云气象卫星形成了"多星在轨、组网观测、统筹运行、互为备份、适时加密"的监测"天网"，覆盖了"一带一路"沿线国家，在气象灾害监测与全球服务方面发挥的作用越来越大，形成了涵盖"山水林田湖草气土城"等特色应用的全国生态遥感业务体系布局。

（2）气象灾害防御预报预警能力水平

我国气象部门建成了精细化、无缝隙的现代气象预报预测系统，能够发布从分钟、小时到月、季、年预报预测产品，全球数值天气预报精细到 10 千米，全国智能网格预报精细到 5 千米，区域数值天气预报精细到 1 千米，建立了台风、重污染天气、沙尘暴、山洪地质灾害等专业气象预报业务。气象预报服务统一数据源的"一张网"网格预报业务，不仅可以提供全国上下联动的 10 天逐 3 小时 5 千米气象要素智能网格预报，还可以提供时间分辨率达 1 小时，最高达 10 分钟，空间分辨率达 5 千米的降水、气温、风、湿度、总云量、能见度等 6 大类 18 种实况分析产品。

智能网格预报业务不但能够实现对短临预报产品的智能化分析、自动化报警、智能化引导、自动化生成，还能支撑智慧预警靶向发布，基于公众位置提供 0~12 小时内雷暴大风、冰雹、雷电等的预报预警，实现精准化预警业务。已经实现 10 千米分辨率 1 天 8 次滚动更新的逐小时雷暴、短时强降水、雷暴大风和冰雹概率预报产品；并且接入多模式集成 $PM_{2.5}$、PM_{10} 格点预报，雾、霾、能见度网格预报时效延长至 5 天逐 3 小时。国省网格预报滚动融合流程进一步优化，完成适应单轨运行的格站点一体化业务升级，实现全国智能网格预报业务单轨运行。

　　我国气象灾害监测预警能力不断提升，气象预警信息发布的覆盖面和时效性持续提高。到 2018 年，强对流预警时间提前到 38 分钟，暴雨预警准确率提高到 86%，雾霾预报时效延长至 5 天，1~10 天 $PM_{2.5}$ 浓度和能见度预报产品已提供应用。全国 24 小时晴雨预报准确率 86.9%，5 天内台风路径预报持续保持世界领先（图 3.13）。

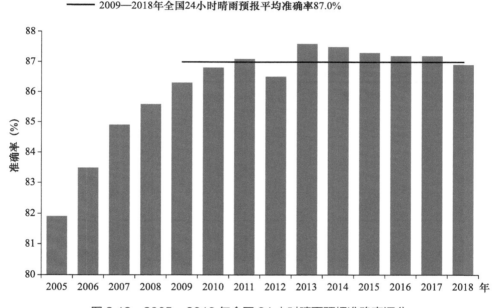

图 3.13　2005—2018 年全国 24 小时晴雨预报准确率评分

　　我国水文部门发布水文预报的各类水文测站达 1565 处。到 2015 年，全国 31 个省（区、市）、323 个市（地、州）、1880 个县（市、区）开展了地质灾害气象预警预报工作，基于气象因素的地质灾害区域预报预警，已形成国家、省级、市级和县级联动的服务体系。

（3）气象灾害防御预警发布能力水平

　　我国建成了集约化的气象灾害防御预警平台。2013 年，国家级突发公共事件预警信息发布系统投入业务试运行并实现了与国务院应急办指挥平台的对接。到

2018 年，国家预警信息发布系统功能进一步完善，16 个部门的 76 种预警信息通过该平台发布，信息发布正确率提升达到 99.95%。到 2018 年，全国 31 个省（区、市）已建成省级突发公共事件预警信息发布系统（表 3.4）。2018 年全年发布自然灾害、事故灾难、公共卫生和社会安全四大类预警信息 261959 条，从行业来说，气象类预警信息发布量最大，占总量的 97% 以上；非气象类预警信息发布 6657 条，其中，国土、林业、水利占比达 87%。向应急责任人发送短信预警 28.5 亿人次；"12379"接口直接服务用户 2400 万次。统计调查显示，2018 年公众对预警信息发布满意度为 89.7 分。

据统计，目前我国预警信息发布时效整体缩短到 3~10 分钟，国家突发事件预警信息发布系统已对接全国 111.5 万名应急责任人，预警信息公众覆盖率逐年上升，已达 87.3% 以上。

表 3.4　2018 年省、市、县三级突发事件预警信息发布中心情况

级别	气象局数量	发布中心机构数量	发布中心机构数占总数百分比
省级	31	31	100%
市级	343	343	100%
县级	2174	2015	92.69%
合计	2548	2389	—

我国基层气象防灾减灾救灾预警与应急进一步规范。到 2018 年，全国有 7.8 万个气象信息服务站、78.1 万名气象信息员，覆盖了 99% 的行政村（社区）。全国气象部门通过开展基层气象防灾、减灾、救灾"一本账、一张图、一张网、一把尺、一队伍、一平台"标准化建设，实施《基层气象灾害预警服务规范》《基层气象灾害预警服务能力建设指南》，健全了基层气象灾害预警服务规范，基本实现了全国气象信息员动态管理。

气象灾害防御预警示范社区建设持续推进。2014 年，在北京、天津、上海、重庆、杭州等 47 个城市创建 232 个"八有"气象防灾减灾社区基础上，气象与民政等部门开启了共建综合防灾减灾示范社区建设。到 2018 年，在全国范围内评选出 1488 个综合减灾示范社区（图 3.14）。

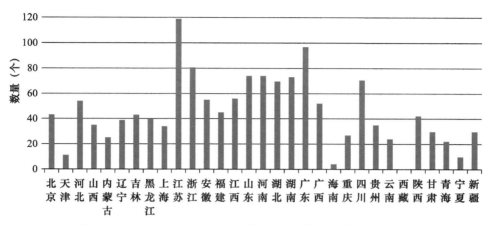

图3.14　2018年全国31个省（区、市）综合减灾示范区数量

（4）气象灾害防御公众服务能力水平

我国向公众传播气象灾害防御信息服务始于20世纪50年代，经过改革开放40多年的发展，目前已实现短信、微博、微信、网站、手机智能推送、电视、广播、预警终端、电子显示屏、农村大喇叭、新闻客户端等多种传播渠道一起发力，预报预警信息传播的"最后一公里"跑得越来越顺畅（图3.15）。

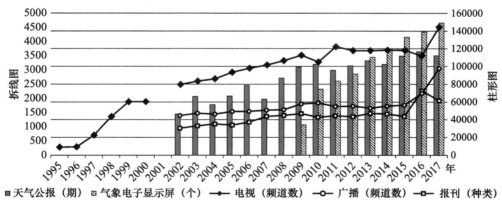

图3.15　1995—2017年气象灾害防御信息传播渠道变化情况

到2018年底，全国已初步实现气象灾害和突发事件预警信息的全网、全民发布。全国省级开通气象灾害预警信息绿色通道的电视频道数达242个，占应开通数的99%，其中29个省份实现了100%开通；全国省级开通绿色通道的广播电台数达912个，占应开通数的98%，其中29个省份实现了100%开通。国家预警信息发布中心与国家邮政局联合推出定制化气象预警服务，通过微信小程序发布气

象灾害预警信息，精准服务全国 140 万名快递员。国家预警信息发布中心还联合农业农村部农机司，推出重点地区气象预警服务，实时为全国 9 万名持证农机手提供跨地区夏收秋收作业精准服务。建成了全国一张网的突发事件预警信息发布系统，仅 2018 年就发布预警信息 25 万余条，向应急决策部门发布预警短信 22 亿人次，预警信息在 10 分钟内可覆盖 86.4% 的公众。截至 2019 年底，气象灾害预警信息行政村覆盖率达到 99.65%，城市社区覆盖率达到 100%。气象灾害预警信息成为各级组织和社会各方面采取应急措施的"消息树"和"发令枪"。

2018 年，"中国天气"品牌单日最高浏览量 8231 万页，创历史新高，发布各类预警信息 5500 余次。25 个广播电视媒体平台节目首播量约 42000 档 1858 小时。中国天气网发布资讯 8000 篇，制作专题 69 个，灾害直播报道 9 次。中国天气频道进行灾害现场报道 23 次，完成电视直播连线 29 档，网络直播连线 590 分钟，制播新闻和专栏节目 8 万分钟。中国天气通的天气数据服务在智能手机市场覆盖率超过 50%，实现预警信息的精准推送，有效解决信息发布的"最后一公里"问题。

（5）气象灾害风险普查与预警业务

截至 2016 年，气象部门累计完成 5425 条中小河流、19279 条山洪沟、11947 个泥石流点、57597 个滑坡隐患点的风险普查和数据整理入库；全国三分之一的中小河流完成了洪水、山洪风险区域图谱编制和应用；暴雨洪涝灾害风险普查率达到 100%，气象灾害风险区划完成率达到 85%；2175 个县市开展气象灾害风险预警业务。水利部门查清了全国 155 万个自然村的山洪灾害防治区范围、人员分布、社会经济和历史山洪灾害情况；完成了 53 万个山丘区小流域基本特征和暴雨特性分析、16 万个重点沿河村落的防洪现状评价；划定山洪灾害危险区 41 万处，形成了全国统一的山洪灾害调查评价成果数据库。在气象灾害风险普查基础上，各地针对气象灾害风险广泛制作警示牌、宣传栏、转移指示牌、发放明白卡和组织培训演练。全国 86% 的县（市、区）制定了气象灾害应急预案，其中气象灾害多发的 12 个省份达到了 100%，96% 县（市、区）制定了气象灾害防御规划。

（6）气象灾害防御法律法规规划建设

进入 21 世纪以来，我国先后出台了 1 部气象法（1999 年）、1 部气象灾害防御法规（2010 年）、1 部国家气象灾害应急预案（2009 年）、1 部国家气象防灾减灾专项规划（2010 年），以及一系列国家级气象防灾减灾重要文件，极大地促进了地方气象灾害防御法规和规划建设。到 2015 年，全国 31 个省（区、市）均颁布了气象防灾减灾方面的地方性法规、政府规章，1593 个县由地方政府出台了县级气象灾害防御规划，1035 个县将气象工作纳入地方"十三五"发展规划；全国 95% 以上的市、2712 个县、20840 个乡镇出台或制定了气象灾害应急专项预案，11.79 万个村屯制定了气象灾害应急行动计划；全国 1789 个县级政府出台了气象灾害应急准备制度管理办法，12224 个乡镇建立了气象灾害应急准备制度，5.14 万个重点单位或村屯建立了气象灾害应急准备制度。到 2018 年，全国 31 个省（区、市）和 374 个市制定了气象灾害防御规划，占应制定地区的 90%，其中有 24 个省份实现了 100%；有 2101 个县（市）制定了气象灾害防御规划，占应制定县（市）的 95%，其中 22 个省份实现了 100%。

（7）气象灾害防御组织体系建设

自 2008 年中国气象局提出建立气象灾害防御工作机制以来，全国气象灾害防御组织体系已经形成了"党委领导、政府主导、部门联动、社会参与"的完善机制。在推进国家级、省级和市级完备气象灾害防御应急领导机构的同时，加快推进基层气象灾害防御应急领导机构建设，到 2015 年底，全国有 2167 个县（市、区）成立了县级气象灾害防御应急领导机构，到 2018 年，全国有 2266 个县（市、区）政府制定了气象灾害应急预案，占当年应建立数的 86%。

气象灾害防御部门联动机制基本建立。2008 年以来，气象部门与自然资源、农业农村、水利、交通、生态环境、文化旅游、卫生健康、应急管理等部门深入对接、强化合作，做好气象服务的"加法"，共同提升我国综合防灾减灾救灾能力。到 2018 年，中国气象局与 20 多个部门联合完善了国家气象灾害预警服务部际联络员制度。全国 31 个省级气象部门普遍与政府各有关部门建立了有效的气象灾害信息共享机制，各省份实现气象灾害信息双向共享部门达到 527 个，部门双向共享实现率达到 95%，其中有 23 个省级单位实现了气象灾害信息 100% 双向共享。

基层气象灾害防御组织建设日趋完备。气象信息服务站、气象信息员、城乡社区成为基层气象防灾减灾救灾的中坚力量。自 2008 年以来，全国气象灾害防御基本形成了组织机构到乡、应急预案到村、预警信息到户、灾害防御责任到人的防御工作机制。到 2018 年，全国气象灾害预警信息覆盖了 548293 个行政村和 93420 个城市社区，行政村和城市社区覆盖均实现了 100%。全国配备气象信息员的行政村达到 607276 个，占全国行政村的 99%，其中 27 个省份实现了 100% 配备。

3.3 气象灾害防御能力建设成效

进入 21 世纪以来，通过不断加强工程性和非工程性气象灾害防御能力建设，极大地提升了气象灾害防御能力，我国气象灾害防御工作取得了显著的社会效益和经济效益。

3.3.1 气象灾害防御经济效益显著

气象灾害造成的直接经济损失占 GDP 的比重，从 20 世纪 90 年代的年均 3% 左右，下降到 5 年（2015—2019 年）年均 0.4%，占新增 GDP 的比重由 5 年（1995—1999 年）年均最高时的 31.47%，下降至 2015—2019 年的 5.02%（图 3.16）。进入 21 世纪，气象灾害造成的直接经济损失总体不断降低，直接经济损失占 GDP 的比重年均降至 0.82%，最高的 2001 年为 1.75%，最低的 2018 年仅为 0.28%（图 3.17），2011 年以后直接经济损失率均在均值以下。

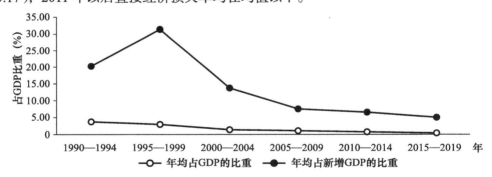

图 3.16 气象灾害造成的直接经济损失 5 年年均占 GDP 5 年年均的比重

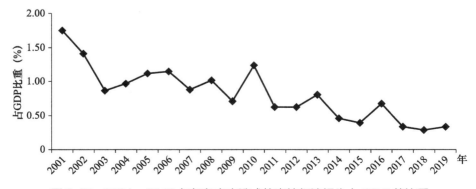

图 3.17 2001—2019 年气象灾害造成的直接经济损失占 GDP 的比重

第 3 章　我国气象灾害防御能力建设现状

3.3.2　全国农作物气象灾害受灾面积呈减少趋势

自 2014 年以来，每年全国农作物气象灾害受灾面积稳定降至 2500 万公顷以下，受灾率降至 16% 以下，远低于 21 世纪以来年均 3357 万公顷受灾面积和 21% 受灾率，最低的 2019 年受灾面积和受灾率仅为 1926 万公顷和 11.6%，2011 年以后农作物受灾面积和受灾率均在平均值以下（图 3.18、图 3.19）。受灾面积的减少意味着农作物丰收面积的相应增加。

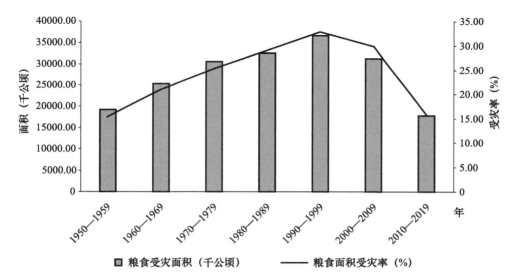

图 3.18　1950—2019 年粮食农作物气象灾害受灾面积和受灾率变化趋势

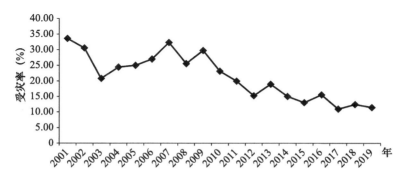

图 3.19　2001—2019 年全国农作物气象灾害受灾率变化趋势
（数据来源:《气象统计年鉴 2010—2018》）

通过对粮食总产量与粮食种植受灾面积的相关性研究发现，粮食种植受灾面积超过 40000 千公顷，当年粮食减产概率为 85.7%；粮食种植受灾面积低于 20000 千公顷，当年粮食稳产或增产概率为 85.0%。2010 年以来，通过工程性和非工程性气象灾害防御能力建设，使粮食种植受灾面积控制在 15% 以下，其保障粮食生产的安全性效果非常明显。

气象灾害防御能力建设的效果在粮食生产和粮食安全方面的反映比较直观。从年代情况分析，在 2010 年以前，特别是从 20 世纪 90 年代开始，为保证粮食生产安全，一边保住种粮面积，一边实行粮食保护价格，一边通过改良品种和种植技术提高单产，但根据评估，因气象灾害造成的粮食损失，无论是绝对损失还是相对损失都有扩大，20 世纪 50 年代至 21 世纪第一个 10 年（2000—2010 年），因气象灾害造成粮食损失均处于增加状态。从表 3.5、图 3.20 可知，2000—2009 年仅因干旱灾害造成的粮食损失年均高达 349.17 亿公斤，占当年粮食生产总量的 7.32%，相当于损失了 1 亿多人口 1 年的口粮，粮食绝对损失量相当于 20 世纪 70 年代的 3.8 倍，相对损失量也超过 2 倍。

表 3.5 1950—2019 年因干旱灾害造成的粮食损失

年份	旱灾年均	
	粮食损失（亿公斤）	损失率[①]
1950—1959 年	43.49	2.52%
1960—1969 年	82.48	4.84%
1970—1979 年	92.49	3.30%
1980—1989 年	192.19	5.09%
1990—1999 年	206.53	4.36%
2000—2009 年	349.17	7.32%
2010—2019 年	172.24	2.75%

---

① 损失率＝因灾造成的粮食损失／当年粮食实际总产量。

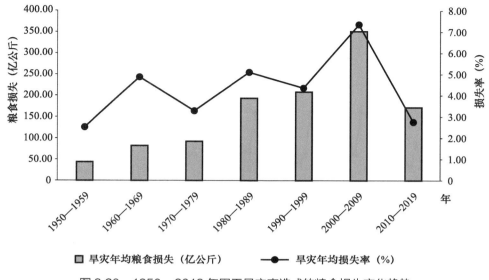

图 3.20　1950—2019 年因干旱灾害造成的粮食损失变化趋势

2010 年以后，粮食产量处于稳定或略增长状态，因干旱灾害造成的粮食损失已经大幅减少，年均粮食损失降至 172.24 亿公斤，年均损失率降至 2.75%，仅为上个 10 年年均的 50%。由此可见，转变气象灾害防御理念，工程性和非工程防御能力建设措施并重，其效果非常明显。

从年际情况分析，根据图 3.21 可知，1950—2018 年我国因干旱灾害造成的粮食损失年均为 162.52 亿公斤，年均损失率为 4.33%；粮食损失最多的 2000 年高达 599.6 亿公斤，当年粮食损失率高达 12.97%，造成当年粮食产量回归到 1995 年的生产水平；粮食损失最少的 1950 年，损失率只有 1.23%，但当时全国粮食总产量不高，仅为 2019 年的 17.05%，即 2019 年全国粮食总产量为 1950 年 5.87 倍。从 2010 年以后，国家通过采取工程性和非工程的气象灾害防御能力措施提升粮食产量，效果非常明显，到 2019 年已经连续 10 年因干旱灾害造成的粮食损失率稳定在 4% 以下，平均降至 2.75%，从上个 10 年损失的最高水平降至历史最低水平。

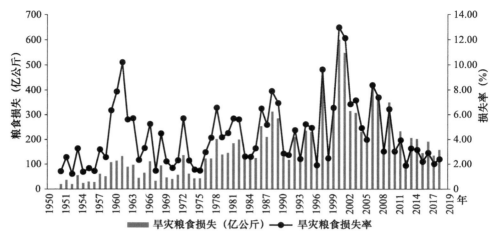

图 3.21　1950—2019 年历年因干旱灾害造成的粮食损失变化趋势

3.3.3　气象灾害造成的人口伤亡大幅下降

进入 21 世纪，气象灾害造成的人口死亡数不断下降，由 20 世纪 90 年代年均 3909 人降至 1856 人。自 2014 年以来，每年全国气象灾害造成的人口死亡降至 1500 人以下，2017 年以来更降至 1000 人以下，最少的 2018 年降至 566 人（图 3.22）。

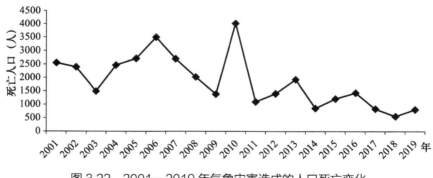

图 3.22　2001—2019 年气象灾害造成的人口死亡变化

洪涝灾害是我国自然灾害中造成人口死亡的主要灾害。根据《中国水旱灾害公报》统计，从表 3.6、图 3.23 可知，20 世纪 50—80 年代，我国因洪涝灾害造成人口死亡年均在 4000 人以上，其中 50 年代达到 5800 多人，90 年代达到 3900 多人；进入 21 世纪则大幅下降到 1500 人以下，2010—2019 年降至 798 人。从经济社会发展视角分析，现在水上经济发展规模很大，人们出行活动进入洪水危险地的几率也大

大增加,洪涝灾害造成人口死亡风险应远大于 20 世纪 90 年代以前,但因洪涝灾害
造成的年均人口死亡远低于 20 世纪,这主要得益于气象灾害非工程性防御能力建
设,其中气象灾害监测、提前预报预警、灾害应急求助和紧急避灾发挥了重要作用。

表 3.6　1950—2019 年因洪涝灾害造成人口死亡 [①]

年份	洪涝灾害造成的年均死亡人口（人）
1950—1959 年	5815
1960—1969 年	4060
1970—1979 年	5181
1980—1989 年	4349
1990—1999 年	3909
2000—2009 年	1454
2010—2019 年	798

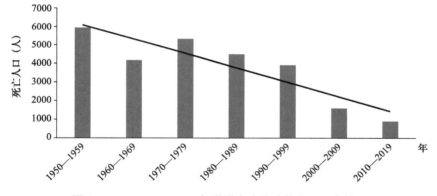

图 3.23　1950—2019 年洪涝灾害造成的人口死亡情况

　　从年际洪涝灾害造成的人口死亡情况分析,1950—2019 年,因洪涝灾害造成
的人口死亡总计 25 万 ~28 万人,年均死亡 4098 人,但在 2011 年以后稳定降至
1000 人以下,2018 年降至 187 人（图 3.24）,充分显示了新时代气象灾害防御能
力建设以人民为中心,以保障人民生命安全为根本的思想,显示了气象灾害非工
程防御能力建设的社会效果。

---

① 　数据来源:《中国水旱灾害公报》洪水灾害死亡统计人数,1953 年、1954 年、1957 年、1963 年
洪涝灾害死亡人数统计高于《民政年鉴》自然灾害死亡人数,故本处总死亡人数取区间值,年
际统计取低值。

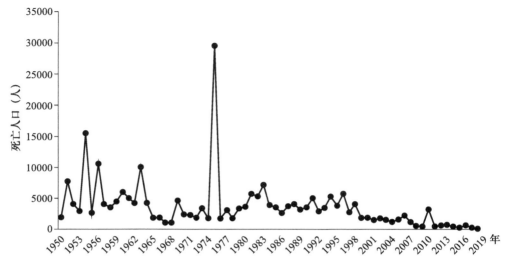

图 3.24　1950—2019 年历年洪涝灾害造成的人口死亡情况

（数据来源:《中国水旱灾害公报 2018》）

3.3.4　地质灾害造成的人员伤亡大幅降低

2004—2019 年，成功预报避让地质灾害 14170 次，年均达 886 次，每年成功避免超 20000 人出现伤亡情况，其中，2013 年成功避免超 180000 人出现伤亡情况，有效降低了地质灾害造成的人员伤亡情况（图 3.25、图 3.26）；因地质灾害造成人员伤亡大幅减少，2000—2019 年，地质灾害年均死亡为 600 人，2010 年最高达到 2244 人，此后不断减少，到 2014 年稳定降至 400 人以下，其中 2018 年降至 105 人（图 3.27）。

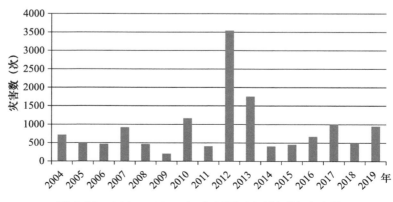

图 3.25　2004—2019 年成功预报避让地质灾害次数

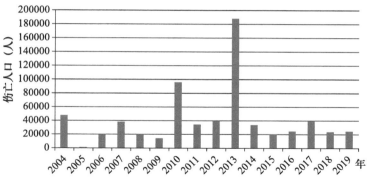

图 3.26　2004—2019 年全国避免人员伤亡情况

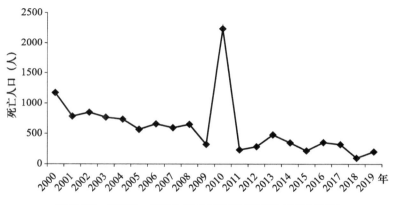

图 3.27　2000—2019 年全国地质灾害造成死亡情况

3.3.5　气象灾害风险转移取得积极进展

我国涉及气象灾害风险转移的政策性灾害保险业，在 21 世纪初开始试行，在 2008 年农业遭受巨灾以后，开始受到重视和推广。我国是农业大国，为应对气象灾害给农业造成的巨大损失，近 10 年来国家逐步出台了一系列政策，引导发展农业保险，并通过建立相应的灾害损失保费补贴政策，促进气象农业灾害保险的扩大与发展。目前，全国各省（区、市）均开展了由中央财政补贴政策支持的气象灾害风险转移，农业政策性保险有了很大发展。各省（区、市）和市（县）政府、财政部门、民政部门以相应的政策资金支持为支撑，开展气象灾害风险转移，政策性农业保险及其他"三农"保险险种已取得了很大的进展，尤其是涉及主要种植业、养殖业的气象灾害风险转移，在农业政策保险支持下已经取得了显著成效。

（1）农业保险政策的发展过程

在我国，农业保险经历了一个非常复杂的发展过程。1958 年以前，我国最初试办的农业保险主要借鉴苏联模式和经验。1958 年 12 月以后，国内停办保险业务，自此农业保险业务停办，直到 1981 年。1982 年，根据国务院为农业保险在新时期的发展作出的决定，中国人民保险公司开始试办农业保险，从试办到 1993 年，我国农业保险得到了较平稳的发展。但由于政府并没有成立专门的政策性农业保险公司，只是给予开展农业保险项目的中国人民保险公司一定的政策鼓励和财政支持，缺乏系统的管理，难以建立并形成有效的农业保险制度。尽管政府出台了很多政策指导农业保险发展，但并未出台相应的法律法规，不能对农业保险的开展实施有效监管，不利于农业保险的长期稳定发展。

1993—2003 年，我国农业保险逐渐萎缩，处于徘徊阶段。因为当时主要本着农业保险商业化经营的原则，对农业保险的经营主体基本没有任何财政补贴。由于农业保险属于准公共品，这个属性决定了商业保险公司不可能提供有效保险。政府没有财政补贴，农民不愿、也无力支付较高的保险费，保险经营主体不可能亏本维持推行农业保险业务，这就使得农业保险业务进入日渐萎缩的徘徊阶段。从这一阶段农业保险业务数据分析，1992 年底，全国农业保险保费收入达到 8.17 亿元，占当年财产保险保费收入的 2.57%，当年赔付率高达 116%，完全是亏本经营；到 1997 年底，仅占当年财产保险保费收入的 1.18%，2000 年降至 0.66%，2004 年进一步降至 0.35%。

2003 年起，国家加大了对农业保险的支持力度，在中央一号文件中多次提及加快建设政策性农业保险。2004 年 3 月，上海安信农业保险公司（以下简称安信保险）成立，是国内第一家专业股份制农业保险公司，安信保险采取政府财政补贴推动、商业化运作的经营模式，实行"以险养险"政策，一旦遇到巨灾，公司通过再保险仍无法承担时，由政府通过特殊救灾政策给予扶持。随后，吉林安华农业保险公司、黑龙江垦区阳光相互农业保险公司相继成立。这标志着我国农业保险的发展进入一个新阶段。自此，农业保险不断发展，特别是 2007 年，中央财政首次投入 21.5 亿元的财政补贴预算，在吉林、内蒙古、新疆、江苏、四川、湖南 6 省（区）推行政策性农业保险保费补贴试点，揭开了中央政府补贴农业保险的序幕。2007—2016 年，农业保险提供风险保障从 1126 亿元增长到 2.16 万亿元，年均增速 38.83%。农业保险保费收入从 51.8 亿元增长到 417.12 亿元，增长了 7 倍。

2012 年 11 月，我国第一部农业保险法规《农业保险条例》（以下简称《条例》）出台。《条例》从调研到形成，再到修改完善，历经近 20 年的时间。1997年，国内开始启动农业保险立法调研工作，监管部门就《农业保险条例》召开过多次立法研讨会。2007 年，国务院要求保监会组织立法调研。2008 年，经多方考察、调研和征求专家意见，保监会与农业部、财政部共同起草了《政策性农业保险条例（草案）》，提交国务院法制办，法制办向人民银行、农业部、发改委等相关部委征求意见。2011 年，相关部门对《条例》逐条进行了评审。2012 年 5 月 4日，国务院法制办公布《条例》征求意见稿，广泛征求社会各界意见。2012 年 11月 12 日，国务院发布《农业保险条例》，并自 2013 年 3 月 1 日起正式实施。2016年 2 月 6 日，根据《国务院关于修改部分行政法规的决定》进行了修正完善。

（2）农业保险政策的主要内容

一是规定了农业保险的政府组织管理制度。即由国务院保险监督管理机构对农业保险业务实施监督管理；国务院财政、农业、林业、发展改革、税务、民政等有关部门按照各自的职责，负责农业保险推进、管理的相关工作；财政、保险监督管理、国土资源、农业、林业、气象等有关部门、机构应当建立农业保险相关信息的共享机制。这一政策充分体现了农业保险实行政府引导的原则。

二是规定了农业保险的内容和范围。即被保险人在种植业、林业、畜牧业和渔业生产中因保险标的遭受约定的自然灾害、意外事故、疫病、疾病等保险事故所造成的财产损失。

三是规定了财政、金融、税收政府支持政策。主要包括国家支持发展多种形式的农业保险，健全政策性农业保险制度；财政部门对符合规定的农业保险给予保险费补贴；鼓励地方政府采用地方财政给予保险费补贴；对农业保险经营依法给予税收优惠，鼓励金融机构加大对投保农户和农业生产经营组织的信贷支持力度。这些政策充分体现了农业灾害风险的特殊性和政府责任，为农业保险真正能落地实施提供了制度保障。

四是规定了大灾风险分散机制。农业保险本身具有高风险、高赔付的特点，由于我国农业保险在大灾风险上没有形成分散机制，影响和制约着农业保险的稳健发展。因此，《条例》规定，国家建立财政支持的农业保险大灾风险分散机制，鼓励地方政府建立地方财政支持的农业保险大灾风险分散机制，并明确规定国家将建立农业保险大灾风险分散办法。

五是规定了农业保险的权益保障。农业保险并不是一般的财产保险，它的特殊性体现在许多方面。因此,《条例》对保险承保、合同拟定、查勘定损、受损标的处理、保险金给付、理赔结果确认、承保理赔公示等环节作了详细规定。例如,《条例》规定,保险机构应当及时进行事故现场查勘,会同被保险人核定保险标的受损情况,并在达成赔偿协议后 10 日内,将应赔偿的保险金支付给被保险人。农业保险中最复杂的应当是合同拟定、查勘定损、受损标的处理环节,必须依据一定的农业和气象专业知识,这也是气象部门参与农业保险的主要原因。

（3）涉及农业气象灾害保险政策的主要内容

——政策性农业保险品种:中央财政和省级财政提供政策性农业保险保费补贴的品种有玉米、水稻、小麦、棉花、马铃薯、油料作物、糖料作物、能繁母猪、奶牛、育肥猪、天然橡胶、森林、青稞、藏系羊、牦牛共计 15 个。地方可自主制定具有本地特色的农业保险保费补贴政策。许多省份除已开办水稻、油菜、棉花、能繁母猪、奶牛、森林 6 个险种外,还开展了设施农业、烤烟、小龙虾养殖、茶叶等特色险种试点。

——政策性农业保险补贴标准:

一是种植业保险,中央财政对中西部地区补贴 40%,对东部地区补贴 35%,对新疆生产建设兵团、中央直属垦区、中储粮北方公司、中国农业发展集团公司（以下简称中央单位）补贴 65%,省级财政至少补贴 25%。

二是能繁母猪、奶牛、育肥猪保险,中央财政对中西部地区补贴 50%,对东部地区补贴 40%,对中央单位补贴 80%,地方财政至少补贴 30%。

三是公益林保险,中央财政补贴 50%,对大兴安岭林业集团公司补贴 90%,地方财政至少补贴 40%。

四是商品林保险,中央财政补贴 30%,对大兴安岭林业集团公司补贴 55%,地方财政至少补贴 25%。

——政策性农业保险规定的气象灾害范围:由于暴雨、暴风、龙卷风、洪水、冰雹、干旱、泥石流等造成保险标的的损失（表 3.7）。

表 3.7　政策性农业保险规定气象灾害范围及量级标准 [①]

序号	气象灾种	量级标准
1	暴雨	指降雨量每小时在 16 毫米以上,或连续 12 小时降雨量达 30 毫米以上,或连续 24 小时降雨量达 50 毫米以上

① 来源:保险公司《水稻种植保险条款》释义。

续表

序号	气象灾种	量级标准
2	暴风	指风速在28.3米/秒以上，即风力等级表中的11级风，本条款的暴风责任扩大至8级风，即风速在17.2米/秒以上即构成暴风责任
3	龙卷风	指一种范围小而时间短的猛烈旋风，陆地上平均最大风速在79~103米/秒，极端最大风速在100米/秒以上
4	洪水	指山洪暴发、江河泛滥、潮水上岸及倒灌或暴雨积水。规律性涨潮、海水倒灌、自动灭火设施漏水以及常年水位线以下或地下渗水、水管爆裂不属洪水责任
5	冰雹	指在对流性天气控制下，积雨云中凝结生成的冰块从空中降落，造成作物严重的机械损伤而带来的损失
6	干旱	指因自然气候的影响，土壤水与农作物生长需水不平衡造成植株异常水分短缺，从而直接导致农作物减产和绝收损失的灾害。旱灾以市级以上（含市级）农业技术部门和气象部门鉴定为准
7	泥石流	由于雨水、冰雪融化等水源激发的、含有大量泥沙石块的特殊洪流

（4）农业气象灾害保险政策实施情况

农业保险政策实施涉及的内容很多，下面主要结合农业气象灾害涉及的农业保险政策实施情况进行分析。

——全国农业保险政策总体实施情况。据中国保监会公开资料显示，2004—2017年，我国农业保险保费收入累计2771.99亿元，年均保费收入198亿元，年均增速达68.94%，首次实行农业保险财政补贴的2007年年增长最高达到529%，其中2017年农业保费收入达到479.1亿元，为2007年的9倍，为2013年实施《农业保险条例》第一年的1.56倍。2004—2017年，农业保险共计给付赔款近1784.7亿元，年均给付赔款127.5亿元，赔付率达65.6%，其中2017年给付赔款334.5亿元，赔付率达70%（表3.8）。

表3.8 1998—2017年农业保险收入与赔款及给付情况

年份	农业保险保费收入（亿元）	赔款及给付（亿元）	赔付率（%）	财产保险收入（亿元）	农业保费收入占财产保险收入比重（%）
1998年	7.15	5.63	79	506	1.4
1999年	6.32	4.86	77	527	1.2
2000年	4	3	75	608	0.7

续表

年份	农业保险保费收入（亿元）	赔款及给付（亿元）	赔付率（%）	财产保险收入（亿元）	农业保费收入占财产保险收入比重（%）
2001 年	3	3	100	685	0.4
2002 年	5	4	80	780	0.6
2003 年	4.64	3.45	74	869	0.5
2004 年	4	3	75	1125	0.4
2005 年	7	6	86	1281	0.5
2006 年	8.48	5.91	70	1580	0.5
2007 年	53.33	29.75	56	2086	2.6
2008 年	110.68	64.14	58	2446	4.5
2009 年	133.9	95.2	71	2993	4.5
2010 年	135.9	96	71	4027	3.4
2011 年	174.03	81.78	47	4779	3.6
2012 年	240.6	131.34	55	5530	4.4
2013 年	306.59	194.94	64	6481	4.7
2014 年	325.78	205.8	63	7544	4.3
2015 年	374.9	237.1	63	8423	4.5
2016 年	417.7	299.2	72	9265.7	4.5
2017 年	479.1	334.5	70	10541.4	4.5
总计	2802.1	1808.6	65	72077.1	—
平均	266.87	172.2	64.5	6864.486	2.59

一方面，从全国农业保险保费收入变化分析，国家农业保险政策介入对农业保险发展的影响最直接、最明显。2007 年是国家实行农业保险财政补贴的第一年，当年农业保险保费收入就达 53.33 亿元，为 2006 年的 6.3 倍，比 1998—2006 年之和还多近 4 亿元，2008 年达 110 多亿元，为 2007 年的 2 倍多。2013 年是《农业保险条例》实施的第一年，当年农业保险保费收入达 306.59 亿元，比 2012 年增长了 27.4%，为 2011 年的 1.76 倍。

另一方面，从全国农业保险保费收入占财产保险保费收入比重分析，虽然国家农业保险政策促进了农业保险保费收入的增长，但农业保险保费收入所占比重仍然较低。1998—2006 年，在国家实行农业保险财政补贴政策以前，我国农业保险保费收入占财产保险保费收入的比重一直在 0.4%~1.4% 之间，多数年份在 0.5% 左右。2007 年实行补贴政策之后，这一比例得到很大提高，最高的 2013 年达到 4.7%，多数年份在 4.3% 以上，比实行补贴政策前提高了 8 倍左右。但是，相对于全国财产保险保费收入，农业保险保费收入所占比重仍然偏小，1998—2017 年平均只有 2.59%。

（5）开展天气指数保险试验情况

天气指数保险是气象参与政策性农业保险的重要内容。2014 年 8 月，国务院印发《关于加快发展现代保险服务业的若干意见》，明确提出，探索天气指数保险等新兴产品和服务，丰富农业保险风险管理工具，健全保险经营机构与灾害预报部门、农业主管部门的合作机制。该文件为气象参与农业保险尤其是天气指数政策性农业保险服务的发展指明了方向。2018 年，中国气象局发布《农业保险气象服务指南——天气指数设计》，指导各级气象部门进一步开展天气指数保险气象服务。

天气指数保险的优越性体现在其涉及的各个行为方与各个领域。对保险人而言，可以减少工作量大的勘察核灾过程，降低运行成本；免去在核灾过程中保险公司和保户的争议，以及可能出现的"道德风险"；容易同其他金融服务组合，推动农户风险控制财务体系的构建；可以利用资本市场分散风险；产品设计的余地非常充分，可塑性很强。

对保户而言，保险合同的内涵透明、权益统一，且客观独立；保险赔偿支付及时，投保手续简单，利益有保证；保额和保险利益的可选择性多样化；可以获得政府保险费补贴等支持，具有吸引力和更大的适应性。但天气指数保险存在比较难处理的问题，即天气指数的风险临界确定，这可能直接影响天气指数保险的发展与推广，因此当前天气指数保险还处于试验试行阶段。

自 2009 年起，安徽、浙江、福建、江西、上海等地陆续开始试点农业气象指数保险。2010 年，福建省长汀县试点烟草种植霜冻和暴雨洪涝等不同的指数保险，曾为受灾烟农补偿了 55.6% 的损失；2013 年 7 月，安徽省芜湖市南陵县、无为县承保了 12 万亩杂交水稻天气指数保险，此后试点地区持续高温，根据保险合同每亩水稻赔偿 39.6 元，共计赔付 477 万元；同样在 2013 年，安徽省滁州市和宿州市承保的 2.5 万亩水稻也得到了 16.51 万元的赔付。从 2011 年开始，江西省气候中心结合中国人保财险公司江西省分公司的需求，以南丰县为试点，开展了南丰蜜橘冻害气象指数保险研究，确定了蜜橘冻害指数、厘定了保险费率、设计了多选择的保险条款。该成果在人保财险公司江西省分公司进行应用，通过了中国保监会批准，投入市场运营，取得了良好的社会效益和经济效益。2014 年，上海市气象局联合安信农业保险公司、上海农业技术推广服务中心、蔬菜行业协会等多家单位，针对上海地区蔬菜生产中"夏淡季"青菜建立农业气象灾害对青菜产量影响评估模型，确定基本保费和费率后，应用保险产品精算定价模型，率先在国内推出"露地种植青菜、鸡毛菜气象指数保险"，受到广大菜农的青睐，该工作也获得了上海市政府颁发的"2014 年度上海金融创新奖"。

3.4　气象灾害防御能力建设短板分析

3.4.1　气象灾害防御系统规划能力不足

制定规划是气象灾害防御的源头，也是采取非工程性措施防御气象灾害的起点和制高点，应急只是气象灾害防御的末端。长期以来，由于城市规划没有处理好气象灾害防御问题，处在末端的应急防御便只能"被动遭灾、天天应急"，无论是管理者，还是居民，往往处于精神高度紧张状态。进入 21 世纪以来，大城市重大气象灾害事件频发，使人们意识到城市空间发展规划和城市建设规划存在问题，给城市安全带来了重大风险隐患。

近 30 年来，我国城市建设取得了举世瞩目的成就，但纵观我国城市发展的过程，城市安全，特别是气候安全已经成为不可忽视的问题。其一，城市规划中的气象灾害防御观念还比较落后。规划在城市建设中的地位极其重要，是城市建设的先导和指南，城市建设应坚持规划先行。但在许多城市规划中，气象灾害防御理念还停留在传统防洪排水阶段，缺乏防洪系统规划。一些城市规划并没有充分考虑给雨水洪水留出足够的出路，而且设计的排水管线极少能达到 5 年一遇的排水标准，大部分雨水管网只有 1~3 年一遇的标准，导致内涝问题长期得不到解决。

近些年，我国许多大城市频繁发生因暴雨、大雪、大雾或强对流天气袭击而造成城市交通混乱、事故频发、财产损失，甚至出现人员伤亡，持续时间较长的气象灾害甚至能够引发城市物流受阻、供应中断，给社会经济和人民群众生命财产安全带来重大损失（表 3.9）。2011 年 6 月 9—24 日，连续 5 场特大暴雨相继降临武汉，主城区平均降水量达 417.7 毫米，造成市区大范围积水，车道变成了"河道"，城市交通大范围中断。2012 年 7 月 21 日，北京持续暴雨，平均降水量达 117 毫米，城区多处积水严重，机场和市内交通全面瘫痪，大量汽车被浸泡，79 人因灾死亡。北京"7·21"暴雨事件，给人们留下深刻的教训。根据统计，仅 2008—2010 年，全国 351 个城市中有 62% 发生过内涝灾害。如果仅从大城市暴雨气象灾害的源头上分析，城市规划本身存在问题应是其中最重要的原因。

表 3.9 2007—2019 年大城市暴雨气象灾害典型事件

时间	受灾城市	灾害类型	主要影响
2007 年 7 月 17 日	重庆	特大暴雨：266 毫米，打破本地 115 年气象纪录	城市积水严重，3000 多户近万名群众被洪水围困
2007 年 7 月 18 日	济南	特大暴雨，1 小时降水 155 毫米，创本地纪录	34 人死亡、4 人失踪、171 人受伤；802 辆汽车受损，市区 1.4 万平方米道路被毁坏，26 条线路停电
2010 年 5 月 6 日	广州	特大暴雨	部分道路积水 3 米，地铁停运，200 多辆公交车被困，138 个航班延误，多个地下车场遭淹，直接经济损失上亿元
2011 年 6 月 9—24 日	武汉	连续 5 场特大暴雨，主城区平均降水量 417.7 毫米	市区大范围积水，城市交通大范围中断
2012 年 7 月 21 日	北京	持续暴雨 4 个小时，平均降水量 117 毫米	城区多处严重积水，交通瘫痪，大量汽车被浸泡，79 人因灾死亡
2013 年 9 月 13 日	上海	全市测得雨量数据的 461 个测站中有 95 个测站达到大暴雨和暴雨标准。最大小时雨量超过 100 毫米的有 10 个	这场暴雨给地面交通带来严重影响，80 多条（段）道路短时积水 20~50 厘米，部分老小区内道路积水 10~30 厘米
2015 年 8 月 24 日		受 15 号台风"天鹅"外围风圈影响，遭遇特大暴雨袭击	409 条（段）线路、240 个居民小区发生积水，400 余户、1000 余商铺、94 座地下车库进水
2016 年 7 月 6 日	武汉	全市共有 65 个气象监测站降水量超过 200 毫米，为特大暴雨，其中 27 个超过 250 毫米，最大降水量为 346.5 毫米，中心城区暴雨中心监测为 341.3 毫米	全市 12 个区 75.7 万人受灾，共转移安置灾民 167897 人次，全市 188 条公交线路停运

时间	受灾城市	灾害类型	主要影响
2018 年 5 月 7 日	厦门	厦门岛内多地一小时降水量超过 100 毫米	机场共有 100 多个航班受强降雨影响而延误
2019 年 4 月 11 日	深圳	"4·11" 深圳短时极端强降水天气事件，最大半小时雨量 73.4 毫米，是深圳有气象纪录以来 4 月最大半小时雨强	11 人遇难

3.4.2　气象灾害防御能力建设配套不够

气象灾害是人类有史以来就面临的问题，重视防御气象灾害的工程建设在中国有着悠久的历史，一些著名的水利工程在中华民族发展史上留下了光辉篇章。沿着历史的发展轨迹，中国当代更加重视防御气象灾害的工程建设。到 2002 年，全国修建水库 85288 座，2003 年全国水利在建施工项目达 519 个，全国水利新建、扩建、改建投资达 680.94 亿元，防灾工程建设投入规模很大。但是，这些工程建设并没有明显减轻国家每年的救灾负担。20 世纪 50 年代，国家救灾支出年均为 1.94 亿元，而 60、70、80、90 年代，国家救灾支出年均则分别达到 5.34 亿元、5.94 亿元、9.98 亿元、28.92 亿元，90 年代年均支出约为 80 年代的 3 倍，到 21 世纪头 10 年国家救灾年均支出达到 72 亿元（不包括 2008 年汶川发生大地震）。国家用于防御气象灾害建设工程的投入每年增加，而国家救灾支出每年也在更快地增加。当然涉及的因素可能非常复杂，但气象灾害防御实践告诉人们，必须采取工程性防御和非工程防御并重、相互结合的防灾思想，才能更有效地达到气象灾害防御的目标。因此，气象灾害非工程性建设相对滞后的问题逐渐引起各级政府的高度重视。

在 21 世纪以前，人们往往更加重视工程性防御措施，重视政治性的抗灾，在防御临近气象灾害时，政府组织强调的是"有灾无灾，作有灾准备""大灾小灾，作有大灾准备""迟灾早灾，作有早灾准备""多灾少灾，作有多灾准备"，甚至强调"人定胜天"和"不惜代价"。在生产力比较落后的时代，这些抗灾救灾思想非常宝贵，但在气象科学技术已经高度发展的今天，气象预报预警能力有了很大提高，传统的抗灾思想需要与时俱进，如果小灾大防、无灾也大防，就会造成全民精神高度紧张，也会造成不必要的社会物力、财力和人力浪费。因此，进入 21 世纪，国家在重视防御气象灾害工程性建设的同时，也开始高度重视全面加强防御气象灾害的非工程性建设。

气象预报预警系统是我国防御气象灾害非工程性建设的重要内容，特别是1998年长江发生大水灾以后，受到了国家的高度重视。近20年来，我国气象卫星监测、大型数字化气象雷达建设、自动气象站建设和现代化气象信息网络建设步伐明显加快，各种自然灾害监测预警预防措施不断完善，科学防御气象灾害的效益非常明显。如果国家和各级政府能够进一步加大投入，具有高度现代化的全国气象灾害预报预警系统将很快建成，取得更大效益。但目前主要有两个问题影响气象灾害预报预警的社会公共服务能力。一是防御气象灾害的非工程性仍然投入不足；二是建设投入分散，既存在重复建设，又难以实现各部门气象灾害信息共享。因此，在推进气象灾害防御实现"三个转变"的过程中，国家还需要进一步高度重视工程性和非工程性气象灾害防御能力建设的配套与适应问题。

3.4.3　气象灾害防御法规标准支撑不够

近些年来，气象灾害风险管理提高到重要位置，特别是随着我国城市化加速，大城市气象灾害风险成为人们日益关注的重点。大城市在制定经济、社会、环境协调发展的城市规划时，必须考虑气候条件、气象灾害的影响，如工业区布局、街道走向、制定排污标准、限制排污量、绿化环境、调节气候等，但在具体规划建设项目中大多数对气象风险考虑不足，导致气象灾害风险从源头就存在较多问题。

大城市建设缺乏气候可行性论证及气候标准。从2010年以前的情况看，城市建设缺乏气候可行性论证、气候标准、气象灾害风险评估等，是导致道路桥梁、城市排水系统、地下空间和住宅小区气候脆弱性高的重要原因之一。

大城市基础设施建设方面，重大项目建设缺乏气候可行性论证，如机场、道路建设等对风、雨、雷、雾等气象条件要求较高，一旦建在高气候风险区，就增加了基础设施自身的暴露程度，导致设施自身的气候脆弱性增加，进而造成城市人口、产业、"生命线"工程等重大损失。

大城市地下空间方面，随着城市化发展，城市地下空间利用程度越来越高，城市建设未充分考虑地下空间的气候风险。如北京"7·21"暴雨时，出现地下室、地下车库进水现象，暴露出城市地下空间的气候脆弱性。地下空间建有地铁、商城、通信管线、电力水利管线、仓库、公路隧道等，按要求其入口应高于地面并设有挡水。大城市发展对城市排水系统造成较大压力，排水系统建设落后于城市经济社会发展，城市气候适应能力缺乏相应的标准。如上海市 1979 年以前建造的排水系统一般按每小时 27 毫米的降水量标准设计，1979 年以后提高到每小时 36 毫米，但上海经常遭受台风袭击，暴雨强度有时可达到每小时 100 多毫米，排水系统明显不能满足实际需要，致使多次发生严重的内涝积水。近十几年来，上海市大力加强了地下排水系统建设，内涝有所减轻。

大城市小区建设方面，小区积水导致车辆受损以及交通堵塞、人员通行困难，暴露出小区建设的暴雨脆弱性。小区气候防护有许多先进的设计理念，如铺设渗水砖，以及建立地下水库、下沉式花园、雨水利用系统等，既能够减少小区的地表径流和排雨量，也能够综合利用水资源，减少面源污染。目前，我国已开始防灾减灾示范小区建设，但一些先进的气候防护理念和实践经验有待普及，并且需要相关的法律法规支撑。

大城市"生命线"系统方面，城市"生命线"系统是指公众日常生活中必不可少的支持体系，是保证城市生活正常运转的重要基础设施，是维系城市功能的基础性工程，包括电力、交通、输油、供气、供水、通信、互联网等系统。"生命线"系统覆盖范围广，呈网络状结构，具有公共性、复杂性、相互关联性等特征。气象灾害对"生命线"某一薄弱环节的破坏易导致次生灾害，并对大城市生产和生活造成较大范围的影响。例如，电力系统的破坏影响城市供水、通信等功能，也不利于灾害救援。在大城市，即使不是极端气候事件，一场小雨、小雪也能导致城市交通拥堵。因此，"生命线"系统的气候脆弱性应引起广泛关注。从规划法规来看，2010 年以前，许多大城市的气象灾害防御能力建设尚未系统列入城市发展规划。

除大城市气象灾害防御法规建设外，一些基层也存在法规和制度不够完善的问题，已有法规和制度的落实也不够全面，操作性也有待增强；气象灾害防御规划在制定和实施城市建设和新城镇、新农村建设中并没有得到高度重视和科学应用；气象防灾设施建设水平不高，电力、交通、通信等生命线工程的抗灾保障能力有待提高，特别是农村基础设施和生活设施薄弱，抗灾防灾能力比较薄弱；公众的气象灾害风险防范意识和能力有待提高，一些边远农村和城市易发灾地区公众的风险意识较低，整体灾害防御水平不高。这些问题在一些县级基层气象灾害应急预案管理中表现得最突出，主要表现在：

一是规划法规的针对性不强。由于各地局地气候差异明显，本应在制定气象灾害防御规划的基础上，紧密结合当地天气气候发生频率和概率，把多发、易发的主要气象灾害区划和风险评估作为编制当地气象灾害应急预案的重要科学依据，充分体现气象灾害防御规划的重大指导作用。但实际情况往往是先有气象灾害应急预案，后有气象灾害防御规划，有的地方虽有气象灾害应急预案但至今还未制定气象灾害防御规划；或者有些预案的应急启动和解除标准照抄照搬，并不完全符合本地实际；或者有的预案平时并没有检验，降低了应急效率，影响了预案的权威性。

二是预案成员单位职责不够清晰，履职能力不足或不愿意担责。缺乏适时更新和动态管理，责任主体临阵缺失；一些预案管理部门求全求快、把关不严，只部署、不检查，下级部门应付考核，使原本清晰的职责变得模糊。

三是预案编制不实，原则性用语多。预案出现上、下级一个版本，预案文本同构同量现象突出，忽视了不同层级规模和职能差异，没有针对基层特定环境细化，存在内容笼统、可操作性差、执行性弱等缺陷。

四是缺少配套的简明操作手册，查阅较为烦琐。一些气象灾害应急预案出台后，大多操作不够简明，特别是灾害来临时，对于大多数普通应急人员和公众应当采取什么样的措施，有的预案并不明确。

五是前期调研不够，预案缺乏合理性。基层气象灾害应急预案编制是一项专业性很强的工作，需要深入认真收集多方意见，整合调动有关专家、部门和上级单位的预案编制力量，是一个汇聚集体智慧的过程。但在实际工作中，突出表现为预案编制前期准备不充分、调研不深入。多数县（乡）没有花费较大的精力和物力全面、广泛地收集情况，没有成立有关职能部门参与的编制小组，没有与利益相关部门联系并考虑其实际需求。

自《国家气象灾害应急预案》发布后，各级各类的预案体系建设逐步开展，也有一些针对性的演习演练。但是基层的应急管理人员对应急管理的重视程度还不够，有些应急管理人员仍存在缺乏操作配备的应急通信设备能力、习惯于电话联络的情况。应急演习在很多情况下变成了提前准备好的"演戏"，这样的应急准备无疑使得应急预案体系的建设大打折扣。因此，在应急预案体系建设及应急管理的过程中，不仅需要政府部门的重视和支持，还必须加强宣传教育，切实提高基层的应急管理者及普通民众对应急管理的重视程度，才能在突发事件发生时使应急预案真正发挥其迅速反应、有序有效的作用。

3.4.4　气象灾害防御合力机制还不完善

自 2010 年《气象灾害防御条例》颁布实施以后，国家已经把气象防灾的前期控制过程纳入日常管理与长远的战略规划之中，但仍然存在部分地区不够重视气象灾害预警管理的情况，还是停留在"临阵磨枪"、仓促上阵，"消防队员"式的被动反应模式。同时，存在气象防灾减灾绩效考核、督查督办和责任追究制度落实不到位现象。由于各种原因，还存在气象灾害预警信号的作用发挥不足的问题，有些没能在第一时间向公众播报各种气象灾害预警信息，使气象灾害预警信息覆盖面未达到理想的区域，造成气象灾害预警信号出现了盲区，从而造成无法挽回的损失。

从部门联动机制分析，部门协同、应急联动机制也面临新的情况。气象防灾体系是一个复杂系统，涉及政府应急管理、气象、水务、交通、通信、水利、公安、城管、卫生、民政、城市建设等部门。在 2018 年应急管理部成立以前，气象灾害防御综合协调的指挥职能主要由各级政府承担，灾害防御由各部门分工把守，应急关键时候由政府统一指挥，平时各部门互动联动不多，较难形成合力机制。由于经济社会发展，特别是大城市发展所面临的气象灾害防御问题越来越突出，如果气象灾害防御管理仍然沿用分部门、分灾种的分隔管理方式，容易形成管理壁垒，很难进行协同联动，管理部门存在职能不清、职能交叉等问题，缺乏有效配合与协作，难以有效应对气象灾害。

对 2014 年全国 31 个省级单位气象灾害信息合作共享机制建立情况分析发现，少数省级政府部门之间仍然尚未全部建立气象灾害信息的共享机制。根据 2014 年调研情况，53% 的省级部门间合作未开展资料共享，双向共享的部门不到 70%。部门之间的合作少部分还尚未形成长效和常态机制；有的仅限于签个协议，实质性的合作内容不多；或者有实质性内容，但后期的跟踪检查、督办、考核不到位，合作共享表现为"原地踏步"。此外，各部门之间日常灾害管理和沟通机制也还不够畅通。

曾经我国长期实行"单灾种"型应急管理体系，即不同的专业部门管理不同类型的灾害与突发事件，如民政部门负责自然灾害救灾，水利部门负责防洪抗旱救灾，地震部门负责地震救灾，消防部门负责火灾事故救援，安监部门负责工矿企业的事故灾难救援，卫生部门负责公共卫生事件处置等。这种"分类管理"模式的优点是可以充分发挥主责部门的专业技术优势，但这种条线过多、划分过细的格局，在一定程度上制约了政府应急反应的整体能力与综合效果。

由于现代社会风险与突发事件越发表现出高度的复杂性、关联性、跨界性，特别是重特大突发事件和大城市突发灾害事件往往表现为系统性和全局性危机，统一指挥、综合协调就显得特别重要。由此，综合灾害防御管理改革应运而生。2018年应急管理部成立以后，以上分工把守的情况明显好转，气象灾害防御存在的部门不协调的问题也基本解决。但是，体制变化也面临新问题：

一是新理念与旧观念的矛盾。过去在安全监管时代，旧的理念是排查治理隐患，特别是把精力集中在政府及其相关部门对隐患的排查治理上，依靠的是运动式监管。现在要把精力放在事故与灾害的风险评估、预防、预警、处置和灾害恢复上，围绕着事故与灾害的"生命周期"，整合各方资源而开展治理工作，坚持的是实实在在的基础工作，强化的是全过程治理。能否形成新理念是一个单位、一个部门、一个系统能否"拧成一股绳"的关键，如果还"穿新鞋、走老路"，按照旧的观念工作，停留在"头疼医头、脚痛医脚"的低层次状态，还在被动地工作、消极地应付，就无法把新时代的应急管理工作做好。

二是传统继承与时代创新的关系。过去分部门管理形成了一些好的经验和做法，如何继承就值得重视，同时也要不断创新。应急管理部门不应只是应急，更重要的是构筑从预防到灾害恢复的全过程公共安全治理体系。公共安全治理体系如果只到县（区）、乡（镇），那就会出现"最后一公里"的问题。大多数自然灾害、火灾、意外事故都发生在社区、小区、自然村社，如果不创新体系就延伸不下去，所以，在继承好传统、好做法的同时，要按照问题导向的思路不断创新。

三是责任分工与部门相互协同的问题。随着经济社会的发展，一方面，对分工要求越来越高，另一方面，复合性问题也越来越突出，现在应急管理部门是"上管天、下管地，中间还要管空气"，根据事故与灾害的"生命周期"理论，在应急机构内部，设置事（灾害）前、事（灾害）中、事（灾害）后三种类型，形成分工明确、责任清晰的部门。在应急机构外部，还需要气象、交通、生态、农业农村、水利、水务、通信、公安、城管、卫生、民政、城市等管理部门协同。应急管理部门要与23个部门打交道，必须形成与各部门的有效协同与强链接。这既是当前面临的问题，也是未来公共安全治理和应急的主要方向。

四是运动式应急与常态化管理的关系。灾害防御涉及人命关天的大事，如果发生重大灾害事件，比较容易采取运动式应急管理决策，比如开展某项大预防和隐患整治，有的不一定符合基层实际情况，但又必须无条件执行，可能会造成下级消极应付或下级埋怨上一级等现象。如何通过有效措施，让每个层级的应急管理部门干自己该干的事情，真正把灾害防御的事情干扎实、落实到位，值得认真研究。

从社会参与机制分析，我国灾害管理体制和机制主要涉及政府应急管理部门机构和职责，如预警、救灾等主要是政府内部层面自上而下的单向、行政层面传输，公众参与明显不足。传统的"全能政府"影响了社会组织在气象防灾中的角色扮演与作用发挥，而且受法律、政策、观念等影响，一些社会力量难有适度的空间和保障发挥作用。虽然政府在气象防灾的预警、监控和快速反应过程中发挥着积极的主导作用，但仅仅依靠政府的力量很难高效、快速、协调、灵活、全面地处理突发事件。如在北京 2012 年"7·21"暴雨事件中，受灾者在公共求救电话打不通的紧急情况下，通过微博发送求救信息，社会公众便通过互联网自发建立爱心车队进行救援，在灾害救助过程中起到了积极作用。目前，我国社会力量参与防灾减灾救援主要是自发行为，缺乏相关制度和法律依据，且保障机制不足。

组织开展多种形式的气象防灾宣传教育活动力度不够，部分部门和公众缺乏基本的气象灾害防范意识、防灾避灾知识和基本的气象防灾减灾能力；气象防灾减灾知识送领导、进机关、进学校、进企业、进社区、进家庭力度不够；气象防灾技能的知识普及率明显偏低，大专院校、中小学校、幼儿园气象防灾减灾知识和技能教育有待强化。

在气象灾害防御工作中，未能使公众清楚地知道"哪里会有气象灾害发生，哪里需要采取什么样的防御措施"。有些公众未能理解气象灾害预警信号的含义，更谈不上采取相应的应急或自救措施。通过气象灾害的防灾培训和演练，确保灾害发生时应急计划得以实施和贯彻的机制不完善，未能建立完善的救援教育与训练的组织体系。应注重组织开展气象灾害预警信息发布后的联动演练，调动各方面的积极性，形成多方参与、上下联动、协调配合、整体推进的工作态势，并通过组织"体验式、参与式"气象防灾减灾活动，开展疏散逃生和自救互救演练，以提升公众应对灾害的能力。

3.4.5　气象灾害保险发展比较缓慢

推进气象灾害保险是采取非工程性措施防御气象灾害的重要途径。近些年来，在各级政府部门的推动下，我国气象灾害保险有了新的发展，特别是农业政策性气象灾害保险取得较大成效。但是，从总体情况分析，气象灾害保险发展比较缓慢，所产生的社会效益还有待提升。我国自然灾害保险存在的主要问题有：

一是投保率不高。由于民众对气象灾害保险的认可程度尚未达到一个高度，对于风险的防范意识不是很强，而且受经济条件的限制，参保的个人和企业较少，导致气象灾害投保率不高，保险覆盖面积不大。

二是保险产品设计不合理。保险业承保的各种风险几乎都把自然灾害特别是台风、冰雪、干旱等特大灾害排除在外，以规避自己的经营风险，即使承担由自然灾害带来的损失，也是经过了层层严格限制之后给予较少赔付。专门针对各类气象灾害的险种设计不多，有的保险理赔标准比较严，弱化了保险的保障功能。

三是气象灾害损失理赔额较低。我国自然灾害风险处置的现状是自然灾害风险有效承保能力严重不足，商业保险还没有成为自然灾害风险补偿的重要手段，重大自然灾害中保险赔付率较低，仅有少部分灾害事故损失能够通过保险获得补偿。特别是发生巨灾后的严重经济损失的补偿与灾后的救援工作，主要是靠政府财政支持和社会捐赠，且主要用于解决公共设施和最困难群体的住房恢复重建，补偿层次较低、救助范围较小，一般公众和企业的财产损失常常是"听天由命"。虽然巨灾发生的概率很小，但是一旦发生损失是巨大的，各种保险公司根本没有足够的能力承担。如 2008 年初我国发生的大范围雨雪冰冻灾害，造成的直接经济损失高达 1111 亿元，保险业给付赔款约 40 亿元，保险赔款仅占直接经济损失金额的 3.6%，所能产生的作用十分有限。

现阶段，我国政策性农业保险发展对农业生产的保障能力相对有限，主要存在以下问题：

一是农民的保险意愿不强。投保人的意愿不强可能是影响农业保险发展的重要原因。只有当灾害发生并遭受巨额损失后，人们才意识到保险的必要性。近年来，虽然各地政策性农业保险有了较快发展，但险种覆盖面和保障水平仍存在较大的不足，如作为主要经济作物的油菜、棉花，仍有部分种植面积处在风险暴露状态；又如目前部分省份水稻保险最高赔付金额为 200 元，低于每亩 300 元的直接物化成本。

二是逆向选择问题在农业保险中普遍存在。在保险人和被保险人之间，发生道德风险和逆向选择较为普遍。农业保险受自然灾害影响很大，尤其是养殖业，且由于越来越多的农民外出打工，整个农业风险的防范程度较低，保险公司可能面临的道德风险有增大趋势；在多山地、丘陵且农村农户居住分散的地区，保险公司深入农村进行政策宣传、收集保费、查勘、定损和理赔工作，费用成本过高，利润空间有限，农业保险险种整体上可能亏损；农业保险大部分补贴资金来源于中央和省级财政，县级财政于每季度末向省财政进行保险情况汇总申报后再由省拨至县，最后再转移给保险经办机构，财政补贴资金拨付滞后，影响现金流通与偿付能力，也降低了保险公司的经营积极性。各省（区、市）保监局公布的数据显示，保险业实行商业化改革以来，农业保险的平均年赔付率达到 80% 左右，远远高于保险业界公认的 70% 盈利临界点，赔付率高可能是影响农业保险发展较慢的重要原因。

三是县级基层财政实力配套服务有限。对多数农业大县来说，当地财政仍面临保险补贴资金困难的问题，如果农业保险均需要县级财政补贴，若再扩大保险品种和范围，县级财政就需要拿出更多补贴资金，对农业大县、财政穷县来说恐难以扩大。此外，基层政府在无偿服务于农业保险推广等事务时，出现了服务不力甚至调整部分补贴资金的现象。如在农业保险的定损理赔过程中，保险公司在与气象、农业、畜牧等多个专业技术部门合作时，通常需要付出一定的成本，而这部分支出有的地方可能将其计入总成本之中。

四是农业保险法律支持和政府补贴有待加强。政策性农业保险与商业保险的经营目标大相径庭，还存在着法律进一步完善的问题。另外，由于农业风险面广量大，一旦风险发生，如果没有政府的财政支持，保险公司基本无力承担。

有效利用气象科学技术是降低农业气象灾害风险的有效措施之一，也有利于促进农业气象灾害保险的健康发展。但是，在实际工作中，气象参与农业气象灾害保险也存在较多问题：

一是政府支持气象参与农业气象灾害保险的力度有待加强。目前，农业保险采取政府主导、市场运作的经营模式，即商业性保险公司经办业务，政府给予一定补贴，且这种模式还处于初级阶段，其范围覆盖面相对狭窄，影响农业保险的规模效应和范围效应，气象服务在农业防灾减灾重要关键环节中的作用还没有得到充分体现。

二是保险部门对气象参与农业保险的认识有待增强。部分基层保险公司对气象服务在农业保险防灾减损的作用认识上不到位，没有把气象预报预警直接用于农业防灾减灾，以减少保险运营成本。从趋利方面来说，气象服务信息在农业保险中的作用还没有被充分利用。

三是气象部门主动参与农业气象灾害保险的意愿不强。从各地实际情况分析，气象部门在针对农业灾害频发和重大农事期提供个性化气象服务、优化农业保险应对重大和突发气象灾害的综合处理能力、增强农业生产应对气象灾害的防灾能力等方面参与的深度还不够，如针对不同作物、气象灾害、农业管理条件、作物生长的环境条件等，提供量身定制的天气指数农业保险产品和服务进展还比较缓慢。

四是农民对气象参与农业保险的认识还局限于一般性的生产活动安排。目前，农业气象灾害保险对农业生产的保障能力仍相对有限，农业气象巨灾风险分散机制尚未建立，投保农户的损失遇大灾以后还难以得到有效保障。因此，农民对农业气象灾害保险的需求因保险供给不足而信心不足，尽管认为气象服务参与农业保险很重要，但也多用于一般性的生产活动安排。

五是气象参与农业气象灾害保险政策有待进一步明确。农业气象灾害保险的政府职责、经办主体、推广方式、经费筹措渠道等方面的制度安排不够清晰，具体指导性有待加强。如开展天气指数保险，国家政策应明确天气指数保险和政策性农业保险的联系及运行机制、天气指数保险产品范围、保险公司经营行为、风险控制等。

六是现行农业气象灾害保险机制不利于气象参与。面对农业气象灾害风险时，现阶段的损失补偿方式主要包括政府补偿、自我补偿、互助补偿和保险补偿四种，其中保险补偿是最重要、最有效的方式。适度的商业化运作是我国提高基础抗灾能力的必然选择，也是发展趋势，当前政府承担着最主要的农业气象灾害救助份额，且财政投入逐年增加、压力越来越大，但气象参与的经费保障并没有明确规定，导致气象部门难以形成长效的保险气象服务机制。

七是农业保险气象专业化能力不足限制气象参与深度。现阶段，农业气象灾害保险服务能力与保险公司、参保农户的要求还有一定的差距，满足不了服务需求，影响了气象参与农业气象灾害保险的深度。在依靠推进气象服务科技创新，做好特色农业保险服务，满足保险公司对保险的多元气象服务需求方面参与度不足，在服务技术上也存在能力不足的问题，特别是针对农业气象灾害保险服务多元化、精细化和特色化要求的技术和产品较少，影响气象参与灾害保险服务的发展。

参考文献

国家统计局，2003. 中国统计年鉴 2003[M]. 北京：中国统计出版社：197，225.

黄雁飞，2007. 我国重大气象灾害应急管理体系的研究 [D]. 上海：上海交通大学.

刘传正，2019. 我国地质灾害防治取得卓越成就 [J]. 中国减灾 (19):20-23.

吕娟，凌永玉，姚力玮，2019. 新中国成立 70 年防洪抗旱减灾成效分析 [J]. 中国水利水电科学研究院学报，17(4):242-251.

王炜，陈仁泽，刘毅，等，2012. 大城市为何频频内涝 [N/OL]. 人民日报，2012-07-24[2018-06-26].http://scitech.people.com.cn/n/2012/0724/c1007-18581861.html.

王迎春，郑大玮，李青春，2009. 城市气象灾害 [M]. 北京：气象出版社.

中华人民共和国民政部，2017. 民政部 国家减灾办发布 2016 年全国自然灾害基本情况 [EB/OL].(2017-01-13)[2018-04-04]. https://www.mca.gov.cn/article/xw/mzyw/201701/20170115002965.shtml.

中华人民共和国水利部，2018. 2017 年全国水利发展公报 [M]. 北京：中国水利水电出版社.

第 4 章
气象灾害防御能力试评估

气象灾害防御能力评估涉及的内容非常广泛。2009 年以来气象部门持续开展了提升气象灾害防御能力的研究，其中包括气象灾害防御能力评估研究，基于气象部门的职责范围于 2014 年开始试评估工作。本章对 2014—2017 年气象灾害防御能力试评估情况进行分析。

4.1 气象灾害防御能力试评估概述

4.1.1 气象灾害防御能力试评估的由来

长期以来，我国历届政府都十分重视气象灾害防御能力建设。自 20 世纪 50 年代起，根据国家的总体部署，农业、水利、林业、交通和气象等部门着力推进气象灾害防御能力建设，极大地增强了气象灾害防御能力，促进了经济社会发展。但从各部门对气象灾害防御能力科学评估来看，总体起步较晚。气象部门推进气象灾害防御能力评估实现业务化主要经历了以下过程。

（1）一般性总结评价

在 20 世纪 80 年代以前，我国还没有广泛应用现代科学评估，但类似于评估的一般性总结评价则被广泛应用。当时涉及气象灾害防御能力建设的水利、农业、气象等主要部门均采用总结评价方法，总结分析气象灾害防御能力建设进展和效果。从内容上划分，主要有综合总结和专题总结两种。综合总结也称全面总结，是对某一时期各项工作的全面回顾和检查，进而总结经验与教训；专题总结是对某项工作或某方面问题进行专项总结，多为推广成功经验或深化专项问题认识。

20世纪80年代中期以前，总结评价是我国认识和研究气象灾害防御能力建设所使用的主要方法。一般每年都有例行性的能力建设总结评价，并作为年度工作总结的一部分。但凡要制定气象规划和决策重大气象灾害防御建设项目，都会对前一个时期的能力状况进行总结评价，通过总结评价、归纳经验、发现问题，最后提出对策。其中，20世纪80年代最具代表性的能力总结评价文献，应是1984年形成的《建国以来气象工作基本经验总结》，该文献对建国以来气象灾害防御监测能力、预报预警和服务能力建设进行了系统性总结和客观评价。总结评价法一直是气象部门分析评价气象灾害防御能力建设的重要方法，在实行科学评估方法以后，总结评价法依然得到沿用和发展。

（2）目标评价考核

从20世纪80年代中期开始，为了比较客观地反映气象灾害防御能力建设情况，一些省份开始探索运用目标管理方法评估考核气象工作，其中包含对气象灾害防御能力建设的评价考核。1984年，陕西省气象局成为全国最早试行目标管理的气象部门；1986年，陕西省气象局正式在本省气象系统全面实行目标管理。自此，陕西省气象局每年把气象灾害防御能力建设作为主要目标任务分为定性和定量两大类下达。1987—1997年，全国各省（区、市）气象部门先后试行了目标管理，对气象灾害防御能力建设作为主要任务下达，并按照能力建设目标完成情况进行评价考核。

1994年全国气象局长研讨会议决定，把目标管理作为新的管理方法在全国气象部门推进。会后成立了科学管理课题组，其中对目标管理开展了专题研究，包括对气象灾害防御能力目标考评。1998年，中国气象局对全国气象部门试行了目标管理，所涉及的气象灾害防御能力水平基本有了统一的评价考核标准，对提高全国气象灾害防御能力水平发挥了重要作用。2003年，《中国气象局目标管理办法》正式实行，其中气象灾害防御能力水平被列为目标评价考核的主要内容。2009年，中国气象局在进一步探索气象灾害防御能力评价方式的基础上，增加了社会评价与政府评价的考评内容，进一步突出了气象灾害防御能力建设的社会效果。

（3）能力试评估研究

进入 21 世纪，在科学发展观指导下，我国气象灾害防御理念发生重大变化。2007 年全国气象防灾减灾大会召开，会议明确提出了全面贯彻落实科学发展观，提高气象防灾减灾服务能力为核心的具体要求。《国务院办公厅关于进一步加强气象灾害防御工作的意见》（国办发〔2007〕49 号）明确要求，加快国家与地方各级防灾减灾体系建设，强化防灾减灾基础，切实增强对各类气象灾害监测预警、综合防御、应急处置和救助能力，提高全社会防灾减灾水平，促进经济社会健康协调可持续发展。2008 年开展的气象现代化指标体系专题研究，其中很大一部分涉及气象灾害防御能力指标。2008 年起草，并于 2010 年正式颁布的《国家气象灾害防御规划（2009—2020 年）》，明确提出统筹制定完善气象灾害防御的工程和非工程措施，全面提高气象灾害防御能力。

因此，在新形势下，中国气象局专题组织开展了气象防灾减灾能力研究，包括深化气象现代化指标体系研究。2011 年形成了提高气象预测预报能力、气象防灾减灾能力、应对气候变化能力、开发利用气候资源能力等"四个能力"专题研究报告，其中提出了气象防灾减灾能力指标框架。2012 年形成的《气象现代化指标体系研究》，其中社会指标既是气象现代化建设成效的典型体现，也反映政府、社会公众对气象工作的重点关注，即气象灾害防御能力指标。这 5 项社会指标为天气预报准确率、气象预警信息覆盖面、气象防灾减灾效益、气象装备先进性和公众满意程度（表 4.1）。

天气预报准确率反映了气象灾害防御预报预警能力。这是社会各界对气象的第一关注、第一关切。随着经济社会的发展，各级党委、政府对气象防灾减灾高度重视，社会各界对天气预报预警的关注和要求越来越高，几乎涉及全国所有公众。

气象预警信息覆盖面反映了气象灾害防御预报预警信息覆盖能力。切实提高气象预警信息的时效及覆盖面，使气象信息及时有效地传播到公众手中，是实现全社会进入防御状态和实施有效防御的重要环节，是把气象灾害防御潜在能力转变为现实能力的重要前提，灾害预报预警的广覆盖意味着广泛防御，是最大限度避免和减少损失的有效举措。

气象防灾减灾效益反映了气象灾害防御能力的有效性。这既是对防灾减灾抗灾能力的检验，也是能力建设的成效反映；既是提高气象灾害防御能力的根本目的，也是各级党委、政府和人民群众对提高气象灾害防御能力的根本要求和期盼。

气象装备先进性反映了气象灾害防御监测和信息化处理能力。先进的气象装备是提高气象灾害防御能力的根本条件，气象装备水平是气象灾害防御监测和信息化处理能力水平的最直接体现，气象装备的先进性既体现在气象灾害观测领域，也反映在气象灾害信息处理等诸多方面。

公众满意程度反映了气象灾害防御能力建设的根本目的。气象灾害防御能力建设必须以人为本，以保障人民安康福祉为目的。公众满意程度既是综合反映气象现代化建设社会效益的重要指标，也是反映气象灾害防御能力建设的重要指标。

表 4.1　气象灾害防御能力指标体系——社会评价指标

序号	指标名称	2012 年现状值	2020 年目标值
1	天气预报准确率	68%（晴雨：86%）	71%~73%（晴雨：>88%）
2	气象预警信息覆盖面	——	>90%
3	气象防灾减灾效益	1：47~1：51	稳步提高
4	气象装备先进性	6 分（初等发达）	9 分（发达）
5	公众满意程度	84 分	稳定在 85 分左右

注：本表在 2012 年《气象现代化指标体系研究》中称"气象现代化指标体系—社会评价指标"，由于与气象灾害防御能力指标基本一致，故指标内容保留 2012 年原态。

2012 年形成的《气象现代化指标体系研究》，对气象部门的气象现代化指标进行了研究，提出由公共气象服务、气象基础业务、气象科技创新、气象人才队伍和气象科学管理等 5 个方面组成，设立了 21 项指标，其中 70% 的指标涉及气象灾害防御能力水平。由此，气象现代化评估指标的研究就成为对气象灾害防御能力评估的重要新起点。

在前期充分研究基础上，2014 年，中国气象局印发《省级气象现代化指标体系和评价实施办法（试行）》，提出省级气象现代化指标体系主要由 6 项一级指标、19 项二级指标、43 项三级指标组成，涵盖气象工作的主要方面，指标权重总分为 100 分，并于当年开展评估，其中气象灾害防御能力试评估成为最主要的内容。

本研究将省级气象现代化评估指标中涉及气象灾害防御能力的一级指标，改为省级气象灾害防御能力指标，二级、三级指标不变，但与气象灾害防御能力高度相关指标一级、二级、三级指标数量减少，分别为 4 项、12 项、31 项，分值占原分值的 65%。如果气象灾害防御能力试评估也以 100 分记，为保持气象灾害防御能力历史评估原样，只将原历年评估结果分值乘 0.65 即可。

4.1.2 气象灾害防御能力试评估指标体系

根据 2014 年省级气象现代化评估实施情况，把气象现代化指标转变为气象灾害防御能力指标，省级气象灾害防御能力评估指标体系由 4 项一级指标、12 项二级指标、31 项三级指标组成（表 4.2），主要涉及气象灾害防御组织能力、气象灾害防御预报预警能力、气象灾害防御监测能力和气象灾害防御公众服务能力 4 个方面，指标权重总分为 100 分。

气象灾害防御组织能力指标通过测算各地气象依法行政水平、部门联动机制的完善程度及基层气象防灾组织体系的健全程度，来评价"政府领导、部门联动、社会参与"的气象防灾减灾工作机制，提高履行社会管理职能的水平。

气象灾害防御预报预警能力指标通过采集社会最关注的 24 小时天气预报、灾害性天气预警准确率和气象灾害风险预警准确率，来评价气象预报预警整体能力水平；通过统计预报产品的空间分辨率、时间分辨率和预报时效，来评价气象灾害预报预警天气业务能力水平。

气象灾害防御监测能力指标通过对气象观测站网的先进性、观测数据质量、信息网络的性能和装备保障水平的评估，来评价气象灾害观测系统和信息网络系统的完善程度和运行水平。

气象灾害防御公众服务能力指标通过计算气象信息社会覆盖面和专业气象服务的成熟度，来评价基本公共气象服务均等化程度和气象服务专业化程度，并结合气象灾害损失 GDP 占比指标，来评价气象服务能力和综合效益。

表 4.2　省级气象灾害防御能力评估指标体系

一级指标	权重	序号	二级指标	权重	三级指标	单位	目标值	权重
气象灾害防御组织能力	13×0.65	1	应急联动机制完善度（A）	4	气象灾害应急预案完备率	%	90	2
					气象应急联动部门衔接率	%	80	1
					联动部门信息双向共享率	%	70	1
		2	基层防灾组织健全度（B）	5	基层气象防灾减灾工作机构健全率	%	95	2
					乡镇（街道）气象协理员配置到位率	%	95	1
					村（社区）气象信息员配置到位率	%	95	2
		3	气象依法行政水平（C）	4	气象法规健全和落实程度	%	90	3
					气象标准化体系成熟度	%	75	1
气象灾害预报预警能力	20×0.65	4	气象预报准确率（D）	8	24小时晴雨预报准确率	%	88 或提高 3	2
					24小时气温预报准确率	%	75 或提高 2	2
					月降水预测准确率	%	提高 3	2
					月气温预测准确率	%	提高 3	2
		5	灾害天气预警能力（E）	9	强对流天气预警提前量	分钟	20	2
					灾害天气预警准确率提升度	%	5	2
					暴雨预警准确率	%	75	3
					气象灾害风险预警准确率	%	80	2

续表

一级指标	权重	序号	二级指标	权重	三级指标	单位	目标值	权重
气象灾害预报预警能力	20×0.65	6	预报产品精细度（F）	3	预报产品时间分辨率	%	90	1
					预报产品空间分辨率	%	99	1
					产品客观检验实现率	%	90	1
气象灾害防御监测能力	20×0.65	7	综合气象观测能力（G）	6	气象观测站网完善度	%	95	3
					观测装备业务可用性	%	90	3
		8	观测数据质量达标率（H）	8	气象观测数据可用率	%	99	5
					观测数据质控覆盖率	%	99	3
		9	气象数据传输速率（I）	6	国家地面自动站数据省内到达时间	分钟	1	2
					区域自动站和雷达数据省内到达时间	分钟	3	2
					区域自动站和雷达数据省际到达时间	分钟	5	2
气象灾害防御公众服务能力	12×0.65	10	气象预警信息覆盖面（J）	6	气象预警信息社会单元覆盖率	%	85	3
					气象预警信息广电媒体覆盖面	%	95	1
					气象预警信息社会机构覆盖面	%	70	2
		11	专业气象服务能力（K）	3	专业气象服务成熟度	%	90	3
		12	气象服务经济效益（L）	3	气象灾害GDP影响率	%	1以下或原有基础下降10	3

注：二级、三级指标及分值均为 2014 年省级气象现代化评估指标体系原内容，原权重重设计不变；目标值为 2020 年期望达到的能力值。

107

4.1.3　气象灾害防御能力试评估计算方法

本指标体系采用综合加权评分的评价方法，即根据单项指标的重要性赋予相应的权重，计算综合得分，客观评价气象灾害防御能力建设。为便于计算，对指标数据进行标准化处理。具体方法如下：

4.1.3.1　计算方法说明

（1）一般指标计算方法

①比值指标

正指标：标准值 = 实际值 / 目标值。

逆指标：标准值 = 目标值 / 实际值。

标准值 ≥ 1 时，按 1 计算。

② 0/1 指标

正指标：实际值 ≥ 目标值，标准值 =1，否则为 0。

逆指标：实际值 ≤ 目标值，标准值 =1，否则为 0。

③区间指标

正指标：标准值 =（实际值—下限值）/（目标值—下限值）。

其中，目标值 > 下限值，标准值 ≥ 1 时，按 1 计算；实际值 ≤ 下限值，标准值 ≤ 0 时，按 0 计算。

逆指标：标准值 =（上限值—目标值）/（上限值—实际值）。

其中，目标值 < 上限值，标准值 ≥ 1 时，按 1 计算；实际值 ≥ 上限值，标准值 ≤ 0 时，按 0 计算。

显然，当下限值和上限值分别为 0 和 ∞ 时，区间指标等同于比值指标；当下限值和上限值等于目标值时，区间指标等同于 0/1 指标。

④赋值指标

根据任务完成情况，在 0 到 1 之间，赋予一定分值。

⑤既有指标

根据中国气象局已有的统计指标及标准值算法。

（2）综合指标计算方法

依据权重，采用线性加权方法计算综合得分，从而得到总体情况判断。计算公式为：

单项指标得分 = 标准值 × 权重；

综合指标得分 = 各单项指标得分之和。

（3）能力指标计算方法

根据统计需要，取某单项指标或几项单项指标的组合值，作为能力指标。能力指标用于比较各省份在气象灾害防御能力建设工作中，某些重要方面取得的进展。

4.1.3.2　具体指标计算方法

（1）应急联动机制完善度（A）

本指标通过统计气象灾害应急预案编制、部门联动机制及信息共享程度，评价气象灾害应急联动机制的完善情况。包含气象灾害应急预案完备率、气象应急联动部门衔接率和气象应急联动部门信息双向共享率 3 个子项。

评价方法：比值指标。

子项表述和计算方法为：

①气象灾害应急预案完备率 A_1。计算公式为：

$$A_1 = 制定省级气象灾害应急预案 \times 40\%$$

$$+ \frac{已制定气象灾害防御应急预案的地（市）数量}{全省地（市）个数} \times 30\%$$

$$+ \frac{已制定气象灾害防御应急预案的县（市、区）数量}{全省设有气象主管机构的县（市、区）个数} \times 30\%$$

②气象应急联动部门衔接率 A_2。计算公式为：

$$A_2 = \frac{联动部门中已制定应急联动工作规程的部门数量}{省级“气象灾害应急预案”中明确的联动部门总数} \times 100\%$$

③气象应急联动部门信息双向共享率 A_3。计算公式为：

$$A_3 = \frac{\text{实现双向共享的部门数量}}{\text{应共享的部门数量}} \times 100\%$$

其中，信息共享应该包含国土、环保、交通、水利、农业、林业、教育、海洋与渔业、旅游、海事、通信、电力、民航等气象应急预案中包含的相关政府部门。实现共享的标准为具有稳定可靠的双向共享手段和工作机制。

（注：直辖市分市与区（县）两级，权重各占 50%，以下均同。）

（2）基层防灾组织健全度（B）

本指标通过基层气象防灾减灾工作机构和基层防灾队伍建设情况，评价基层气象防灾组织的健全度。包含基层气象防灾减灾工作机构健全率、乡镇（街道）气象协理员配置到位率和村（社区）气象信息员配置到位率 3 个子项。

评价方法：比值指标。

子项表述和计算方法为：

①基层气象防灾减灾工作机构健全率 B_1。计算公式为：

$$B_1 = \frac{\text{县级气象防灾机构和乡镇（街道）气象防灾协调部门总数}}{\text{县级和乡镇（街道）政府总数}} \times 100\%$$

其中，乡镇（街道）气象防灾协调部门指在乡镇（街道）政府部门中成立的气象灾害防御机构，或负有气象灾害防御管理职能的部门。

②乡镇（街道）气象协理员配置到位率 B_2。计算公式为：

$$B_2 = \frac{\text{有气象协理员的乡镇（街道）数}}{\text{全省乡镇（街道）总数}} \times 100\%$$

③村（社区）气象信息员配置到位率 B_3。计算公式为：

$$B_3 = \frac{\text{有气象信息员的村（社区）数}}{\text{全省村（社区）总数}} \times 100\%$$

（3）气象依法行政水平（C）

本指标主要通过调查省级出台气象相关法规、政策、规划、标准的完整性和落实情况，评价政府主导气象防灾减灾工作的落实程度，包括气象法规健全和落实程度、气象标准化体系成熟度两个子项。

评价方法：比值指标。

子项表述和计算方法为：

①气象法规健全和落实程度（C_1）。包含气象法规体系完备率、气象灾害防御规划完成率、气象行政许可和服务按时办结率 3 项内容。

计算公式为：

$$C_1 = \frac{1}{3}\sum_{i=1}^{3} C_{1i} \times 100\%$$

其中，C_{11} 为气象法规体系完备率，计算公式为：

$$C_{11} = \frac{\text{已颁布的地方性条例、政府规章中覆盖的气象职能}}{\text{根据《气象法》和根据本地实际应该覆盖的职能}} \times 100\%$$

其中，根据《气象法》及其配套行政法规，气象职能应包括气象灾害防御、气象信息发布与传播、气象设施与探测环境保护、防雷减灾管理、气候资源开发利用、人工影响天气等方面。根据当前实际情况，设定总数为 6 类，即分母为 6，按覆盖项数计算比例，当分子超过 6 项时，取值为 1。

C_{12} 为气象灾害防御规划完成率，计算公式为：

$$C_{12} = \text{省级政府印发气象灾害防御规划} \times 40\%$$
$$+ \frac{\text{已制定印发气象灾害防御规划的地（市）数量}}{\text{全省地（市）个数}} \times 30\%$$
$$+ \frac{\text{已制定印发气象灾害防御规划的地（市、区）数量}}{\text{全省设有气象主管机构的县（市、区）个数}} \times 30\%$$

C_{13} 为气象行政许可和服务按时办结率，即各地按照承诺的时间完成行政审批及行政服务工作的比率。达到 100% 为 1，否则为 0。

②气象标准化体系成熟度（C_2）。通过统计气象标准制定及使用情况，评价各地在推进气象标准化工作、完善气象标准化体系方面取得的进展，间接反映其科学管理水平。计算公式为：

$$C_2 = \frac{1}{2}\left(d_1 + d_2\right) \times 100\%$$

d_1 为气象标准制定率，计算公式为：

$$d_1 = \frac{1}{标准基数的期望值}(A \times 4 + B \times 2 + C)$$，d_1 大于 1 时，取值为 1。

其中，A 为中国气象局组织制（修）订的现行有效的国家标准的数量；B 为中国气象局组织制（修）订的现行有效的行业标准的数量；C 为中国气象局组织制（修）订的现行有效的地方标准的数量；标准基数的期望值为 28。

d_2 为气象标准应用率，计算公式为：

$$d_2 = \frac{D}{现有气象国家标准和行业标准的数量} + \frac{5}{1000}(E+F)$$，d_2 大于 1 时，取值为 1。

其中，D 为实际业务服务中使用的现行有效的气象国家标准、行业标准的数量；E 为实际业务服务中使用的现行有效的气象地方标准的数量；F 为实际业务服务中使用的现行有效的其他标准的数量。现行有效的气象国家标准和行业标准数量为 260 个。

（4）气象预报准确率（D）

本指标通过选取与经济社会活动关系密切的、公众最为关注的预报项目进行评分，综合评估气象预报预测的准确性。评价项目包括 24 小时城镇晴雨预报评分、24 小时城镇最高（低）气温预报评分、月降水预报评分、月平均气温预报评分 4 个子项。

预报评分依据《关于下发中短期天气预报质量检验办法（试行）的通知》（气发〔2005〕109 号）和《预报司关于印发〈月、季气候预测质量检验业务规定〉的通知》（气预函〔2013〕98 号）执行。评分均采用近三年平均值，并以 2010—2012 年平均值作为比较基数。

评价方法：区间指标。

（5）灾害天气预警能力（E）

本指标反映灾害性天气的预报预警水平，包括强对流天气预警提前量、灾害性天气预警准确率提升度、暴雨预警准确率和气象灾害风险预警准确率 3 个子项。

①强对流天气预警提前量 E_1。通过统计强对流天气预警发布的提前时间，评估强对流天气的临近预报能力。强对流天气指暴雨、雷雨大风、冰雹和强雷电等。预警包括两种情况，一是发布预警信号，二是发布临近天气预警信息。预警发布

提前量参照《气象灾害预警信号质量检验办法（试行）》中"预警信号不分级检验"办法计算，其中雷雨大风、强雷电的发生标准由各省（区、市）气象局制定。计算公式为：

$$E_1 = \frac{1}{n} \sum_{i=1}^{n} (T_{i2} - T_{i1})$$

其中，T_{i1} 为第 i 次预警发布时间；T_{i2} 为第 i 次符合预警标准实况的出现时间。

评价方法：比值指标。

数据来源：各省（区、市）气象局。

②灾害性天气预警准确率提升度 E_2。通过统计灾害性天气预报预警准确率，评估灾害性天气预警准确率的提高程度。各地选择暴雨及本区域多发的其他 2~3 种灾害性天气，评价其预报预警发布准确率。灾害性天气种类的选择按照《气象灾害预警信号质量检验办法（试行）》的分类，在事件型灾害性天气（大风、沙尘暴、大雾、霾）类别中选择 2~3 种，台风可选择暴雨、大风两项作为评价对象。计算公式为：

$$E_2 = \frac{1}{n} \sum_{i=1}^{n} (POD_{1i} + POD_{2i}) / 2 \times 100\%, \quad n=3 \text{ 或 } 4$$

其中，POD_{1i} 为采用分级检验的命中率，POD_{2i} 为采用不分级检验的命中率。以 2010—2012 年平均值作为比较基数，近三年平均准确率高于基数 5%，为 1，高于 3%，为 0.6，否则为 0。

评价方法：比值指标。

③暴雨预警准确率 E_3。暴雨预警准确率按照《气象灾害预警信号质量检验办法（试行）》中的计算方法进行评价。

评价方法：区间指标。

④气象灾害风险预警准确率 E_4。通过统计气象灾害风险预警产品的准确率，评估气象灾害风险预警服务业务能力。评分依据《关于暴雨诱发中小河流洪水和山洪地质灾害气象风险预警服务业务规范（试行）的通知》（气减函〔2013〕34 号），并且要求：到 2017 年，全国范围内采用 1∶5 万的 GIS 地图制作气象灾害风险预警服务业务产品；到 2020 年，全国范围内采用 1∶1 万的 GIS 地图制作气象灾害风险预警服务业务产品。

评价方法：区间指标。

（6）预报产品精细度（F）

本指标反映预报产品系列的精细化水平，包含预报产品时效分辨率、预报产品空间分辨率和预报产品客观检验率 3 个子项。

评价方法：比值指标。

子项表述和计算方法为：

①预报产品时效分辨率 F_1；

②预报产品空间分辨率 F_2；

③预报产品客观检验率 F_3。

各子项按表 4.3 取分，每实现一项得相应分值，逐项累计可得 F_i。

表 4.3　气象预报产品系列的精细化水平与客观检验

	临近预报	短时、短期预报			中期预报		延伸期预报	短期气候预测
时效	0~2 小时	2~12 小时	12~24 小时	24~72 小时	3~5 天	5~10 天	11~30 天	月季年
时效分辨率 F_1 得分	10 分钟	1 小时	3 小时	6 小时	12 小时	24 小时	24 小时	月季年
	20	20	10	10	10	5	20	5
空间分辨率 F_2 得分	圈定区域或 1 公里	乡镇或 3 公里	乡镇或 3 公里	县级或 15 公里	县级或 25 公里		地市级	地市级
	20	20	20	10	10		10	10
客观检验率 F_3 得分	25	25	20	10	10		5	5

（7）综合气象观测能力（G）

本指标反映综合气象观测现代化水平，由观测站网完善度和观测装备业务可用性两项指标组成。

评价方法：比值指标。

①观测站网完善度 G_1。通过对区域地面观测站网布设适宜度和观测自动化程度的统计，间接反映气象观测站网的完善程度。

数据来源：中国气象局、各省（区、市）气象局。计算公式为：

$$G_1 = \frac{1}{2}\,(g_1 + g_2) \times 100\%$$

其中，$g_1 = \dfrac{\text{建立区域自动气象站的乡镇数}}{\text{全省乡镇总数}}$ ；

$g_2 = \dfrac{\text{实现地面气象观测自动化的要素个数}}{\text{地面气象观测要素总数}}$ 。

②观测装备业务可用性 G_2。通过统计国家级自动气象站、区域自动气象站、天气雷达、探空系统的业务可用性来评价气象观测装备运维保障水平。

数据来源：中国气象局、中国气象局气象探测中心、各省（区、市）气象局。计算公式为：

$$G_2 = \frac{1}{4}\,(\text{国家级自动气象站业务可用性} + \text{新一代天气雷达业务可用性}$$
$$+ \text{区域自动气象站业务可用性} + \text{探空系统业务可用性})$$

观测装备业务可用性统计按照观测司《综合气象观测系统仪器装备运行状况通报办法》进行，计算公式：

$$\text{业务可用性} = \frac{\text{应工作时次} - \text{数据错误时次} - \text{未到报时次} - \text{报文格式错误时次}}{\text{应工作时次}} \times 100\%$$

（8）观测数据质量达标率（H）

本指标通过计算气象观测数据可用率和观测数据实施了质量控制的比例来评价观测数据的质量，包含气象观测数据可用率和观测数据质量控制覆盖率两个子项。

评价方法：比值指标。

数据来源：中国气象局、国家气象信息中心、各省（区、市）气象局。子项表述和计算方法为：

①气象观测数据可用率 H_1。指根据相关观测资料质量统计办法计算出来的自动气象站、区域自动气象站、雷达等观测资料的质量。计算公式为：

$$H_1 = \frac{1}{n} \sum_{i=1}^{n} H_n$$

其中，$H_n = \dfrac{\text{通过质量检查的数据量}}{\text{应有数据量}} \times 100\%$。

鉴于目前实际情况，暂统计自动站观测资料质量，其他相关观测资料待制定质量统计办法后即可纳入统计。自动站观测数据质量评定标准按照《全国自动站实时观测资料质量统计办法》（气预函〔2012〕42号），统计所有国家级自动站和经职能司确认的区域自动站。

②观测数据质量控制覆盖率 H_2。计算公式为：

$$H_2 = \frac{\text{开展质量控制的观测数据种类}}{\text{全部观测数据种类}} \times 100\%$$

（9）气象数据传输速率（I）

本指标通过测试地面气象站和雷达数据省内、省际的传输速率，综合评价数据处理和气象通信传输能力。包含国家地面气象站数据到达省内预报员桌面的时间、区域地面气象站和雷达数据到达省内预报员桌面的时间、区域地面气象站和雷达数据到达省际预报员桌面的时间3个子项。

评价方法：0/1指标。

（10）气象信息覆盖面（J）

本指标通过统计气象信息公共媒体覆盖面和气象预警社会单元覆盖率，评价气象灾害预警发布和传播能力，反映基本公共气象服务的均等化水平，包含3个子项。

评价方法：比值指标。

子项表述和计算方法为：

①气象预警信息社会单元覆盖率 J_1。计算公式为：

$$J_1 = \frac{1}{2} (J_{11} + J_{12})$$

$$J_{11} = \frac{\text{预警信息覆盖的村（屯）单元数}}{\text{辖区内管理的村（屯）单元数}} \times 100\%$$

$$J_{12} = \frac{\text{预警信息覆盖的城市社区单元数}}{\text{辖区内管理的城市社区单元数}} \times 100\%$$

其中，社区单元包括城市社区和农村，信息覆盖的含义为社会单元相关责任人及时得到气象预警信息和防灾指引信息。

②气象预警信息广电媒体覆盖面 J_2。计算公式为：

$$J_2 = \frac{1}{2}(J_{21} + J_{22})$$

$$J_{21} = \frac{\text{建立预警绿色通道的省级电视频道}}{\text{省级电视频道}} \times 100\%$$

$$J_{22} = \frac{\text{气象预警绿色通道的广播电台数}}{\text{广播电台总数}} \times 100\%$$

其中，广播电台包括省级和地市级广播电台。

③气象预警信息社会机构覆盖面 J_3。计算公式为：

$$J_3 = \left(\sum_{i=1}^{n} \left(\frac{\text{建立气象预警发布机制的社会机构数}}{\text{拥有公共传播媒体的社会机构总数}} \right) \right) \times 100\% / n$$

其中，n 为本省地市级和省会城市的总和，拥有公共传播媒体的社会机构主要包括电信（中国移动、中国联通、中国电信等）、交通、交警、城管等政府部门和企事业单位。

（11）专业气象服务能力（K）

本指标通过计算专业气象服务成熟度来评价气象为适应经济社会发展，满足政府、企事业单位和社会各界服务需求，开展针对性专业气象服务的广度和深度。

评价方法：比值指标。

计算公式为：

$$K = \frac{1}{n} \sum_{i=1}^{n} K_i \times 100\%，K \text{ 大于 } 100\% \text{ 时，取值 } 100\%。$$

其中，n 为气象敏感经济行业总数。根据当地实际情况，在农业、交通、水利或环境等不少于 5 个气象敏感行业进行评价，即 $n \geq 5$；K_i 为某个行业与气象保障服务关系的紧密程度，公式如下：

$$K_i = \frac{1}{5}(K_{i1} + K_{i2} + K_{i3} + K_{i4} + K_{i5})$$

其中，K_{i1} 为是否与该行业的相关部门或企事业单位建立服务机制（签订协议、合作机构、服务组织），建立为 1，否则为 0；

K_{i2} 为是否建立相关的服务指标，建立为 1，否则为 0；

K_{i3} 为是否提供经常性服务产品，提供为 1，否则为 0；

K_{i4} 为是否建立相关的业务或科研团队，建立为 1，否则为 0；

K_{i5} 为是否有成熟的业务系统，有为 1，否则为 0。

（12）气象服务经济效益（L）

本指标通过计算各省份当年气象灾害直接经济损失与当地 GDP 之比值（气象灾害 GDP 影响率），统计气象灾害相对损失的变化趋势，直接反映综合防御气象灾害能力的效果，间接反映气象服务在防灾减灾工作中发挥的效益。评分采用近三年滑动平均值，并以 2010—2012 年平均值作为比较基数。

评价方法：0/1 指标。

计算公式为：

$$L = \frac{1}{3} \sum_{i=n-2}^{n} \frac{D_i}{P_i} \times 100\%$$

其中，n 为评价年份，D_i 为 i 年的气象灾害直接损失，P_i 为 i 年的 GDP 总量。

4.2　气象灾害防御能力试评估结果

4.2.1　试评估实施概述

（1）气象灾害防御能力试评估指标体系框架

根据气象灾害防御能力试评估指标设计，一级指标 4 项、二级指标 12 项，气象灾害防御能力试评估指标体系框架如图 4.1 所示。

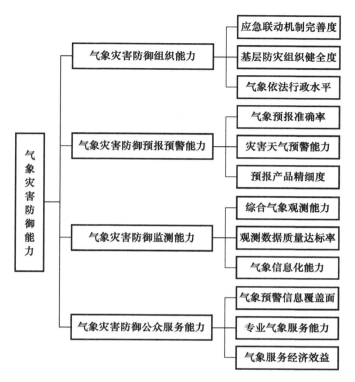

图 4.1 气象灾害防御能力指标体系框架

（2）气象灾害防御能力试评估进展

2014—2019 年连续 6 年进行了气象灾害防御能力试评估。从 6 年试评估结果分析，2019 年气象灾害防御组织能力、气象灾害预警预报能力、气象灾害防御监测能力和气象灾害防御公众服务能力 4 项指标的完成度均达到 90% 以上，4 项指标完成度较 2014 年提升明显，分别增长 5.46、32.95、21.25、5.25 个百分点。

4.2.2 历年试评估结果

2014 年，根据以上方法开启了全国气象灾害防御能力试评估，但考虑到评估的时效和应用，本部分主要介绍 2016 年、2017 年、2018 年试评估结果。

4.2.2.1　2016 年试评估结果

（1）2016 年气象灾害防御能力试评估结果

根据以上方法评估，按照 2020 年设定目标（下同），2016 年全国省级气象灾害防御组织能力、气象灾害防御预报预警能力、气象灾害防御监测能力、气象灾害防御公众服务能力指标完成度[①]分别达到 92.1%、86.6%、85.0%、96.5%。本年度与 2014 年、2015 年比较，气象灾害防御组织能力基本持稳，气象灾害防御预报预警能力和气象灾害防御监测能力水平明显上升，气象灾害防御公众服务能力基本持平（图 4.2）。

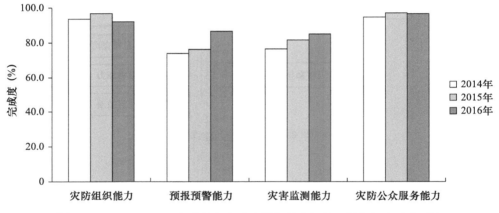

图 4.2　2014—2016 年省级气象灾害防御能力评估一级指标完成度对比

（2）2016 年气象灾害防御能力分地区试评估结果

①气象灾害防御组织能力评估结果

2016 年气象灾害防御组织能力水平，全国省级平均完成度达到 92.1%[②]。该项指标完成情况各省（区、市）差异很小，有 25 个省（区、市）的气象防灾减灾能力完成度达到 90% 以上（图 4.3）。该项指标评估结果反映了省级以下至乡镇社区

---

① 完成度 = 当年实现值 /2020 年目标值。

② 较 2015 年下降 4.7%，是由于该项二级、三级指标有所修订，和前两年评估的角度和指标不同，不代表年度进展水平。

气象灾害防御组织体系和防御依法行政水平，反映"党委领导、政府主导、部门联动、社会参与"的气象灾害防御机制建设取得显著成效。

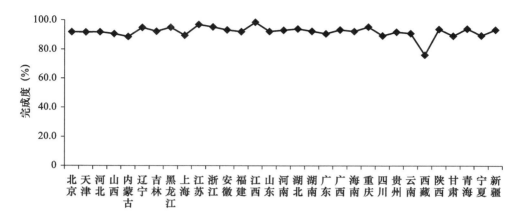

图 4.3　2016 年各省（区、市）气象灾害防御组织能力水平完成度

②气象灾害防御预报预警能力评估结果

2016 年气象预报预警能力，全国省级平均完成度达到 87.0%（较 2015 年提升 10.6%，较 2014 年提升 24.1%）。该项反映了 2014—2016 年全国 24 小时天气预报能力得到较大提升，2016 年全国灾害性强对流天气预报预警业务有了明显进展，2016 年全国精细化气象格点预报业务建设取得良好进展。但全国气象灾害防御预报预警能力存在较为明显的区域差异，有 11 个省（区、市）完成度达到 90% 以上，其中江苏、天津和辽宁 3 个省（市）完成度最高，有 20 个省（区、市）完成度在 90% 以下，其中西部地区省份较为滞后（图 4.4）。

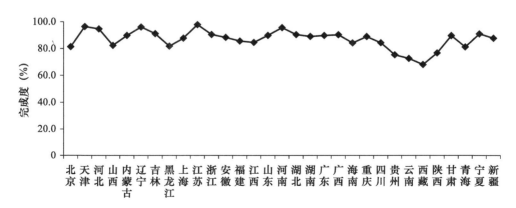

图 4.4　2016 年各省（区、市）气象灾害防御预报预警能力水平完成度

③气象灾害防御监测能力评估结果

2016 年气象灾害防御监测能力水平，全国省级平均完成度达到 85.3%（较 2015 年提升 3.4%，较 2014 年提升 9.4%）。但该项指标各省（区、市）差别不明显，福建和贵州两省完成度最高，达到 90% 以上，有 27 个省（区、市）完成度在 80% 到 90% 之间（图 4.5）。但西部地区相对东、中部地区仍较为滞后。整体而言，各地的气象装备技术水平还有较大提升空间，需要以"信息化、集约化、标准化"的理念和方式持续提升综合气象观测能力、观测数据质量控制能力及气象信息化能力。

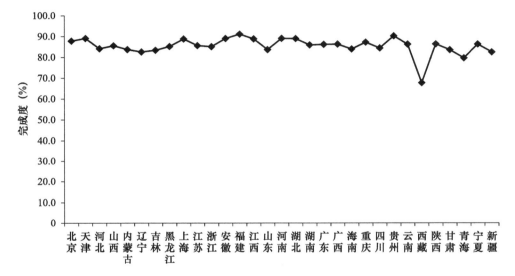

图 4.5　2016 年各省（区、市）气象灾害防御监测能力水平完成度

④气象灾害防御公众服务能力评估结果

2016 年气象灾害防御公众服务能力，全国省级平均完成度达到 96.7%（较 2015 年下降 0.5%，较 2014 年提升 1.9%，相比 2015 年下降是由于该项二级、三级指标有所修订，和之前评估的角度和指标不一样，不代表年度进展水平）。各省（区、市）差别很小，仅个别省份由于受气象灾害影响有较大经济损失，气象服务经济效益偏低，使得气象服务能力得分偏低。其中，宁夏、湖南两省完成度最高，达到 99% 以上（图 4.6）。该项指标评估结果反映了省级公共气象服务能力成绩突出，体现了各级气象部门认真履行灾害监测、预报预警、信息发布及应急联动响应职责，及时为各级党委、政府提供决策气象服务，为公众和各行各业提供气象灾害预报预警服务，为经济社会发展提供了有力保障。

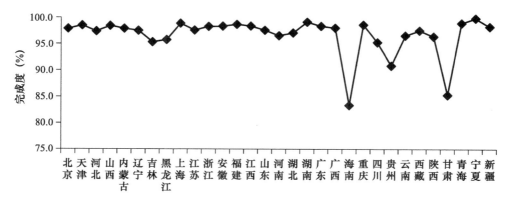

图 4.6 2016 年各省（区、市）气象灾害防御公众服务能力水平完成度

4.2.2.2 2017 年试评估结果

（1）2017 年气象灾害防御能力试评估结果

2017 年全国省级气象灾害防御组织能力、气象灾害防御预报预警能力、气象灾害防御监测能力、气象灾害防御公众服务能力指标完成度分别达到 99.1%、95.2%、94.0%、99.2%。与 2016 年比较，2017 年全国省级气象灾害防御组织能力、预报预警能力、监测能力分别提升 7%、8.6%、9%，气象灾害防御公众服务能力基本持平（图 4.7）。

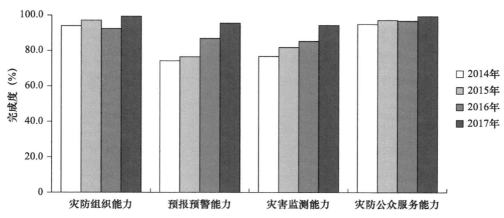

图 4.7 省级气象灾害防御能力评估一级指标完成度
年度对比（2014—2017 年）

（2）2017年气象灾害防御能力分地区试评估结果

①气象灾害防御组织能力评估结果

2017年气象灾害防御组织能力评估，全国省级平均完成度达到99.1%，较2016年提高7.0个百分点。该项指标完成情况各省（区、市）差异很小，均达到93%以上，其中有12个省（区、市）的气象防灾减灾能力完成度达到100%（图4.8）。该项指标评估结果反映了全国实行的"党委领导、政府主导、部门联动、社会参与"的气象防灾减灾机制建设取得显著成效。

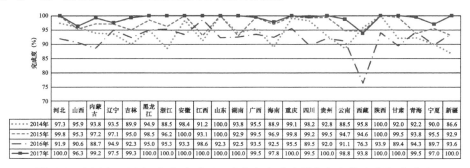

	河北	山西	内蒙古	辽宁	吉林	黑龙江	浙江	安徽	江西	山东	湖南	广西	海南	重庆	四川	贵州	云南	西藏	陕西	甘肃	青海	宁夏	新疆
2014年	97.3	95.9	93.8	93.5	89.9	94.9	88.5	98.4	91.2	100.0	93.8	95.5	88.9	99.1	98.2	92.8	88.5	95.8	100.0	92.0	92.2	90.0	86.6
2015年	99.8	95.3	97.2	97.1	95.0	98.5	96.2	100.0	93.1	100.0	92.9	95.9	96.9	99.5	99.8	94.7	99.5	94.7	100.0	99.5	95.5	95.5	92.9
2016年	91.9	90.6	88.7	94.9	95.0	95.0	93.3	98.6	92.3	92.3	93.5	92.5	95.5	89.5	92.0	91.1	76.3	93.9	89.4	94.3	89.7	93.4	
2017年	100.0	96.3	99.2	97.5	99.3	100.0	100.0	100.0	100.0	100.0	99.5	97.8	100.0	99.5	100.0	98.8	93.8	100.0	100.0	99.5	97.0	100.0	

图4.8　2014—2017年各省（区、市）气象灾害防御组织能力指标完成度

②气象灾害防御预报预警能力评估结果

2017年气象灾害防御预报预警能力评估，全国省级平均完成度达到95.2%，较2016年提高8.6个百分点。该项指标体现了全国24小时降水和气温预报能力、月降水和月气温预测能力、灾害性天气预警能力、精细化气象格点预报水平均取得良好进展。气象预报预警能力区域差异不明显，各省（区、市）完成度均达到90%以上，其中黑龙江、浙江和重庆3个省（市）完成度达到100%（图4.9）。

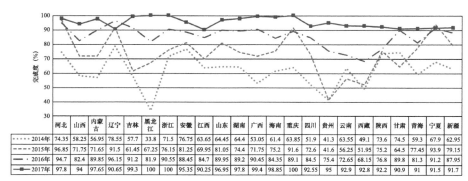

	河北	山西	内蒙古	辽宁	吉林	黑龙江	浙江	安徽	江西	山东	湖南	广西	海南	重庆	四川	贵州	云南	西藏	陕西	甘肃	青海	宁夏	新疆
2014年	74.35	58.25	56.95	78.55	57.7	33.8	71.5	76.75	63.65	64.45	64.4	53.05	61.4	63.85	51.9	41.3	63.55	49.1	73.6	74.5	59.3	67.9	62.95
2015年	96.85	71.75	71.65	91.65	61.45	67.25	74.1	81.05	71.75	75.2	91.6	72.6	45.5	51.95	75.2	64.5	77.45	93.9	79.15				
2016年	94.7	82.4	89.85	96.15	91.2	91.9	90.55	88.45	84.7	89.25	89.2	90.45	84.35	89.1	84.5	75.4	72.65	68.15	76.8	89.8	81.3	91.2	87.95
2017年	97.8	94	97.65	90.65	99.3	100	100	95.35	90.25	96.95	97.8	99.4	98.85	100	92.55	95	92.9	92.8	92.2	90.9	91	91.5	91.7

图4.9　2014—2017年各省（区、市）气象灾害防御预报预警能力指标完成度

③气象灾害防御监测能力评估结果

2017 年气象灾害防御监测能力评估，全国省级平均完成度达到 94.0%，较 2016 年提高 9.0 个百分点。各省（区、市）装备技术指标完成度区域差异较小，均在 80% 以上，其中 22 个省（区、市）达到 90% 以上，内蒙古、浙江、山东、广西、海南、贵州 6 个省（区）达到 97% 及以上（图 4.10）。该项指标评估结果反映了 2017 年中国气象局以"信息化、集约化、标准化"的理念和方式强化全国气象部门综合气象观测能力、数据质量控制以及气象信息化能力建设，取得了很好的成效。

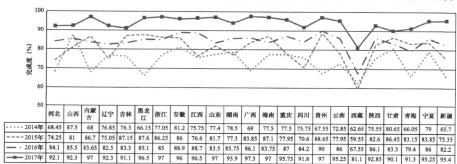

	河北	山西	内蒙古	辽宁	吉林	黑龙江	浙江	安徽	江西	山东	湖南	广西	海南	重庆	四川	贵州	云南	西藏	陕西	甘肃	青海	宁夏	新疆
2014年	68.45	87.5	68	76.85	76.3	66.15	77.05	81.2	75.75	77.4	78.5	69	77.5	75.75	72.85	62.65	77.5	80.65	66.05	79			65.7
2015年	74.25	81	86.7	75.05	87.15	87.6	86.25	86	76.6	81.7	77.3	83.85	87.1	77.95	70.6	88.65	77.95	59.55	82.6	86.45	83.15	83.85	75.35
2016年	84.1	85.5	83.65	82.5	83.3	85.1	85	88.9	88.7	83.5	85.75	86.1	83.75	87	84.2	90	77.65	67.55	86.1	83.3	79.4	86	82.2
2017年	92.1	92.3	97	92.3	91.1	96.5	97	96	96.5	97	93.9	97.5	97	95.75	91.8	97	95.25	81.1	92.85	90.1	91.3	95.25	95.4

图 4.10　2014—2017 年各省（区、市）气象灾害防御监测能力水平指标完成度

④气象灾害防御公众服务能力评估结果

2017 年气象灾害防御公众服务能力评估，全国省级平均完成度达到 99.1%，较 2016 年提高 2.6 个百分点。各省（区、市）气象服务指标完成度差异很小，均达到 93% 以上，其中 16 个省（区、市）达到 100%（图 4.11）。该项指标评估结果反映了 2017 年省级公共气象服务能力成绩突出，体现了各级气象部门认真履行监测预报预警信息发布及应急联动响应职责，及时为各级党委政府提供决策气象服务，为公众和各行各业提供气象灾害预报预警服务，为经济社会发展提供了有力保障。

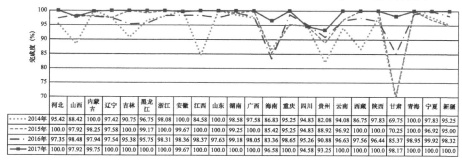

	河北	山西	内蒙古	辽宁	吉林	黑龙江	浙江	安徽	江西	山东	湖南	广西	海南	重庆	四川	贵州	云南	西藏	陕西	甘肃	青海	宁夏	新疆
2014年	95.42	88.42	100.0	97.42	90.75	96.75	98.08	100.0	84.58	100.0	98.58	97.58	86.83	95.25	94.83	82.08	94.08	86.75	97.83	69.75	100.0	97.83	95.25
2015年	100.0	97.92	98.25	99.94	99.17	100.0	99.25	100.0	95.42	100.0	99.25	92.25	88.92	96.63	95.26	90.88	97.56	70.25					
2016年	97.35	98.48	97.94	97.54	95.38	95.75	98.31	98.36	98.37	97.63	99.18	98.05	83.36	98.65	95.26	90.88	96.63	97.56	96.44	85.37	98.95	99.92	98.32
2017年	100.0	97.92	99.75	100.0	100.0	100.0	99.67	100.0	100.0	100.0	100.0	96.58	100.0	94.58	93.25	100.0	100.0	98.17	100.0	100.0	100.0		

图 4.11　2014—2017 年各省（区、市）气象灾害防御
公众服务能力水平指标完成度

4.2.2.3　2018 年试评估结果

（1）2018 年气象灾害防御能力试评估结果

2018 年全国省级气象灾害防御组织能力、气象灾害防御预报预警能力、气象灾害防御监测能力、气象灾害防御公众服务能力指标完成度[①] 分别达到 99.00%、95.85%、96.90%、99.58%，一级指标的完成度均达到 95% 以上（图 4.12），分别较 2017 年增长 0.23、0.55、2.95、0.25 个百分点，较 2014 年增长 5.46、33.00、21.00、4.91 个百分点。

2018 年省级气象灾害防御能力水平较 2017 年的进步主要体现在气象灾害防御监测能力，完成度增长 2 个百分点以上；与 2014 年比进步最大的是气象灾害预报预警能力，完成度增长了 30 个百分点以上，反映了全面推进气象现代化以来，气象灾害监测预报预警能力大幅增强。2018 年各项一级指标的年度增长率和前几年相比呈现减缓趋势。

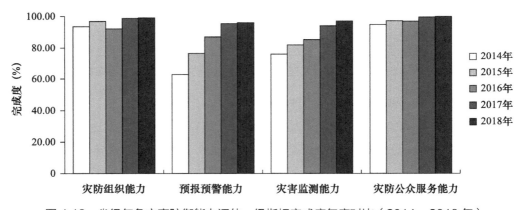

图 4.12　省级气象灾害防御能力评估一级指标完成度年度对比（2014—2018 年）

（2）2018 年气象灾害防御能力分地区试评估结果

①气象灾害防御组织能力评估结果

2018 年气象灾害防御组织能力评估，全国省级平均完成度达到 99.0%，较 2017 年提高 0.2 个百分点，较 2014 年提高 5.5 个百分点。该项指标完成情况各省（区、市）差异很小，均达到 94% 以上（图 4.13），其中有 17 个省（区、市）的气象防灾减灾能力完成度达到 100%。该项指标评估结果体现了基层气象防灾减灾组

---

① 本年度计算有微调，但不影响总体评估。

织体系和气象依法行政水平日趋完善，反映了近些年来全国气象部门推进"党委领导、政府主导、部门联动、社会参与"的气象防灾减灾机制建设取得显著成效。

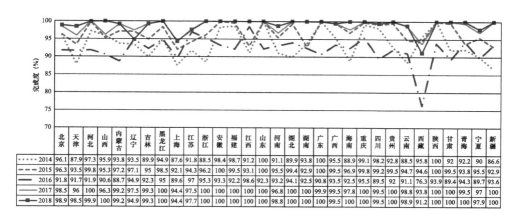

图 4.13　2014—2018 年各省（区、市）气象灾害防御组织能力指标完成度

②气象灾害防御预报预警能力评估结果

2018 年气象灾害防御预报预警能力评估，全国省级平均完成度达到 95.9%，较 2017 年提高 0.5 个百分点，较 2014 年提高 33.0 个百分点。说明了全国 24 小时降水和气温预报能力、月降水和月气温预测能力、灾害性天气预警能力、精细化气象格点预报水平均取得明显进展，中国气象局以"信息化、集约化、标准化"的理念和方式部署推进气象业务现代化取得了明显成效。气象预报预警能力受年景影响较大，2018 年，8 个省（区、市）气象预报预警能力完成度达到 100%，除了北京、上海、西藏以外，其他均达到 90% 以上（图 4.14）。

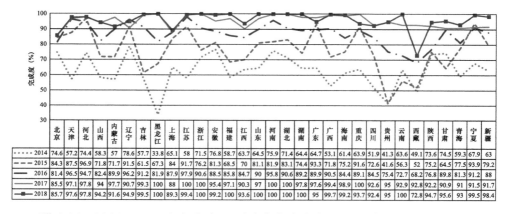

图 4.14　2014—2018 年各省（区、市）气象灾害防御预报预警能力指标完成度

③气象灾害防御监测能力评估结果

2018 年气象灾害防御监测能力评估，全国省级平均完成度达到 96.9%，较 2017 年提高 3.0 个百分点，较 2014 年提高 21.0 个百分点。各省（区、市）装备技术指标完成度区域差异较小，除了西藏以外均在 92% 以上，4 个省（区、市）达到 100%（图 4.15）。该项指标评估结果反映了强化气象灾害防御综合气象观测能力、数据质量控制以及气象信息化能力建设取得较大成效。

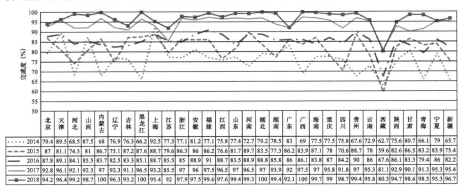

	北京	天津	河北	山西	内蒙古	辽宁	吉林	黑龙江	上海	江苏	浙江	安徽	福建	江西	山东	河南	湖北	湖南	广东	广西	海南	重庆	四川	贵州	云南	西藏	陕西	甘肃	青海	宁夏	新疆
2014	79.4	89.5	68.5	87.5	68	76.9	76.3	66.2	92.5	77.3	77.1	81.2	77.1	75.8	77.4	72.7	79.2	78.5	83	69	77.5	77.5	75.8	67.6	62.7	75.6	80.7	66.1	79		65.7
2015	87	81.1	74.3	81	86.7	75.1	87.2	83.9	87.1	89.7	83.5	86.2	76.6	81.7	89.7	83.5	86.2	87.1	78	70.6	88.7	79	59.6	82.6	86.5	83.2	83.9	75.4			
2016	87.8	89.1	84.1	85.5	89.7	86.7	81	86.2	83.1	85.1	88.7	85.5	85	88.9	91	88.7	83.5	88.9	88.8	85.8	86	86.1	83.8	87	84.2	90	86	67.6	86.1	83.3	79.4
2017	92.8	96.1	92.1	92.3	97	92.3	91.1	96.5	93.2	85.5	97	96	97.5	96.5	97	96.5	97	93.9	92	97.5	97	95.8	91.8	97	95.3	81.1	92.9	90.1	90.1	95.3	95.4
2018	94.2	96.4	99.2	98.7	100	96.3	93.2	100	95.4	92	97.9	97.5	99.6	97.6	99.4	99.3	100	99.4	92.1	100	99.7	99	98.7	95.8	95.8	80.3	94.7	98.6	98.5	95.3	96.7

图 4.15　2014—2018 年各省（区、市）气象灾害防御监测能力指标完成度

④气象灾害防御公众服务能力评估结果

2018 年气象灾害防御公众服务能力评估，全国省级平均完成度达到 99.6%，较 2017 年提高 0.3 个百分点，较 2014 年提高 4.9 个百分点。各省（区、市）气象服务指标完成度差异很小，均达到 94% 以上，其中 23 个省（区、市）达到 100%（图 4.16）。该项指标评估结果反映了省级公共气象服务能力成绩突出，体现了各级气象部门认真履行监测预报预警信息发布及应急联动响应职责，及时为各级党委、政府提供决策气象服务，为公众和各行各业提供气象灾害预报预警服务，为经济社会发展提供了有力保障。

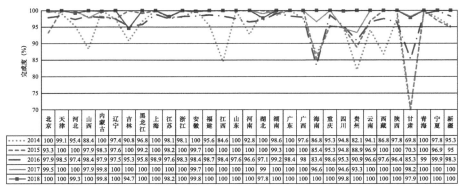

	北京	天津	河北	山西	内蒙古	辽宁	吉林	黑龙江	上海	江苏	浙江	安徽	福建	江西	山东	河南	湖北	湖南	广东	广西	海南	重庆	四川	贵州	云南	西藏	陕西	甘肃	青海	宁夏	新疆
2014	100	99.1	95.4	88.4	100	94.6	96.8	100	98.1	98.1	100	95.6	84.6	100	92.8	100	98.6	93	97.6	86.8	95.3	94.8	82.1	94.1	86.8	97.6	69.8	100	97.8	95.3	
2015	93.3	100	100	97.9	98.3	97.6	100	99.2	100	98.2	100	99.7	100	99.3	100	100	85.4	95.3	94.8	88.9	96.9	100	100	70.3	100	96.9	95				
2016	100	98.5	97.4	98.4	97.7	97.5	95.3	95.8	98.9	97.6	98.3	98.4	98.7	98.4	97.6	96.6	97.1	99.2	98.4	97.6	85.3	99	99.9	98.3							
2017	99.5	100	97.9	99.8	97.9	98	100	99.7	100	100	99	99	100	94.6	93.3	100	100	98.2	99.8												
2018	100	100	99.3	100	99.8	100	94.7	100	98.2	100	99.8	100	97.8	100	100	99.3	100	99.8	98.2	100	97.9	100	100								

图 4.16　2014—2018 年各省（区、市）气象灾害防御公众服务能力指标完成度

4.3 气象灾害防御能力试评估评价

4.3.1 气象灾害防御能力试评估积极效果

一是气象灾害防御能力水平总体提升。自 2014 年实施评估以来，到 2018 年，全国各省（区、市）气象灾害防御能力均有明显提升。

二是省级气象灾害防御能力水平区域差异较 5 年前明显缩小。2014 年以来，全国省级气象灾害防御能力区域差异呈缩小趋势，得分离散度从 2014 年的 5.3 下降到 2018 年的 2.4（图 4.17）。2018 年离散度较 2017 年略有上升。

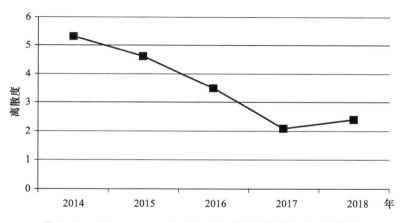

图 4.17　2014—2018 年省级气象灾害防御能力得分离散度

三是 80% 的省级三级指标完成度提升到 95% 以上。全国 80.0% 的省级气象灾害防御能力三级指标完成度达到 95% 以上。其中，有 35.0% 的指标完成度达到 100%，分别为气象灾害应急预案完备率、气象应急联动部门衔接率、联动部门防灾减灾信息双向共享率、乡镇（街道）气象协理员配置到位率、村（社区）气象信息员配置到位率、24 小时晴雨预报准确率、月气温预测准确率、观测装备业务可用性、区域自动站数据省内到达时间、雷达数据省内到达时间、气象预警信息社会单元覆盖率、气象预警信息广电媒体覆盖面、专业气象服务成熟度、气象服务公众满意度；有 45.0% 的指标完成度达到 95% 以上；有 15.0% 的指标完成度达到 90%~95%。

4.3.2 气象灾害防御能力试评估短板分析

对 2014—2018 年气象灾害防御能力评估发现，各省（区、市）气象部门坚持趋利与避害并举，着力服务保障国家重大战略和地方经济社会发展，全面推进气象灾害防御能力建设取得了重大进展。但在不同业务技术领域，气象灾害防御力依然存在发展不平衡不充分问题，气象核心技术水平和业务能力仍有明显短板，相关核心业务技术指标进展缓慢，个别指标完成度偏低，气象科技水平特别是核心技术距离世界先进水平还有一定差距，智慧气象发展还需要进一步加强；个性化、专业化、精准化服务产品供给仍显不足，气象服务供给侧结构性改革亟需推进，参与全球气象服务和应对全球气候变化力度不够，全球气象治理体系和治理能力还有不少薄弱环节。

参考文献

邓哲维，邓以勤，齐心，2017. 清流县主要农业气象灾害及防御措施 [J]. 福建农业科技 (10):52-54.

高登云，张远洪，胡玉娟，等，2017. 浅谈县级气象灾害防御规划的建议与对策 [J]. 农技服务，34(14):74.

纪高杰，董斌，2017. 农业气象灾害保险与农业防灾减灾能力的构建 [J]. 黑龙江科技信息 (11):25.

刘佳艺，2017. 我国气象灾害类型及防御对策分析 [J]. 城市地理 (16):188.

刘伟，2017. 突发气象灾害应急管理效能研究 [J]. 安徽农业科学，45(30):176-177.

倪克莹，2017. 基于公共安全管理视角的城市气象灾害防御机制研究 [J]. 农业与技术，37(18):235.

王金龙，2017. 加强农业气象服务和农村气象灾害防御体系的几点思考 [J]. 种子科技，35(11):4+6.

王重阳，林嘉楠，2017. 气象灾害的防御措施分析 [J]. 科技创新与应用 (26):84-85.

韦宁，韦丽英，2017. 区域性气象灾害风险管理机制探析 [C]// 中国科学技术协会、广西壮族自治区人民政府 .2017 中国—东盟防灾减灾与可持续发展论坛：气象

专题论坛论文集 . 中国科学技术协会，广西壮族自治区人民政府，广西气象学会 :108-111.

杨林，曹春荣，邱洪华，等，2017. 2016 年福建省防御台风灾害行为效益调查评估研究 [C]// 中国气象学会 . 第 34 届中国气象学会年会 S11 创新驱动智慧气象服务：第七届气象服务发展论坛论文集 . 中国气象学会 :424-431.

张明杨，吴先华，盛济川，2017. 认知资源对公众城市气象灾害防御支付意愿的影响研究：基于南京市暴雨灾害防御的实证 [J]. 长江流域资源与环境，26(11):1815-1823.

周珍丹，李船，梁智馨，2017. 加强新兴气象灾害防御能力浅析 [J]. 农村经济与科技，28(17):263-265.

第 5 章
气象灾害防御能力评估指标重构与实证分析

气象灾害防御能力评估可分为工程性能力评估和非工程性能力评估，都属于社会可变或可控因子，是达到防灾减灾目的的能力性因素。其中，非工程性气象灾害防御能力不仅是气象灾害防御能力中最能动的因素，更是充分调度和调节所有工程防御能力的决定性因素。因此，本章所指的气象灾害防御能力评估主要指非工程性气象灾害防御能力评估，它是认识和评价一个地区、一个部门或一个行业气象灾害防御水平的重要切入点，也是促进其提升气象灾害防御能力，达到防灾减灾目的的重要途径。在前几年试评估的基础上，现结合我国气象灾害防御能力现状，重新制定完善气象灾害防御能力评估指标体系及评估方法。

5.1 气象灾害防御能力评估指标体系重构

5.1.1 评估指标体系重构原则

气象灾害防御能力是衡量一个地区气象灾害综合防御水平高低的重要评判依据。因此，选择设计有效评估指标非常关键，它不仅直接关系到气象灾害防御能力水平的评价，而且还关系到评价的可信度和说服力。第 4 章介绍了气象灾害防御能力试评估情况。总的来看，通过试评估取得了一定的评估经验，在气象灾害防御能力建设决策中发挥了一定参考借鉴作用。但为进一步推进气象灾害防御能力评估业务化和常态化，本章拟在过去试评估经验的基础上，对气象灾害防御能力评估指标进行重构，并加以实证检验。

气象灾害防御能力指标系统为多层次的复杂系统，涉及的因素众多，需要从多个角度和层面来设计指标体系，以使评价结果全面、客观地反映气象灾害防御能力的真实水平。因此，气象灾害防御能力指标系统设计可从以下 5 个方面考虑。

①相关性：选取的指标要与气象灾害防御高度相关。

②代表性：表征气象灾害防御能力的指标有很多，为突出重点，需选择更具有代表性的指标，从直观上即可判断与气象灾害防御高度关联的综合性指标。

③可测性：指标应可定量，或可较直观地转化为定量指标，以达到可测量的目的。

④可比性：指标应具有时间和空间的相对延展性，即纵向可与历史比较，横向可在不同地区间比较。

⑤可得性：气象灾害防御能力评估的内容很多，但为有效开展评估，所选择的指标数据需是可获得的客观数据，不应是假设模拟数据，且数据应具有连续性。

5.1.2 气象灾害防御能力评估指标体系

根据灾害防御过程，灾害防御能力评估指标体系包括灾害防御支撑能力、灾害监测预警能力、应急处置与救援能力和灾后恢复保障能力 4 个一级指标（表 5.1）。

（1）灾害防御支撑能力

旨在通过完善制度，提高技术、经济、基础设施能力和公民减灾意识水平，提高各级地方政府气象灾害防御能力和社会韧性。本指标包括制度保障能力、技术支撑能力、经济支撑能力、基础建设能力和公众防灾意识 5 个二级指标。

①制度保障能力：主要从法律法规、规划、预案建设等方面来表征。

②技术支撑能力：在致灾因子、孕灾环境、承灾体中，改变致灾因子强度和量级，可以从源头减少灾害损失，目前以高炮和火箭技术等人工影响天气技术来表征。

③经济支撑能力：基于孕灾环境视角，当人均基本公共服务支出越高时，越能有效治理孕灾环境，主要从人均国民生产总值和人均基本公共服务支出两方面来表征。

④基础建设能力：防灾减灾的基本要求是保障人的安全，即生存权。粮食关系到全体公民的生存，在灾害发生时，保障粮食安全亦即保障了公民的生存权。同时，通过综合减灾示范社区建设，可以提高公民居住环境的安全性。因此，设置事关粮食安全的农业增收指标和减灾示范区建设指标来表征气象灾害防御基础建设能力。

⑤公众防灾意识：在灾害发生的第一时间，公民进行科学、及时的自救和他

救能够大幅减少因灾损失，主要以气象知识普及率来表征。

（2）灾害监测预警能力

及时、完备的监测数据是发布气象灾害预警信息，采取减灾措施，保障人民生命和财产安全的基础。本指标包括灾害监测能力、灾害预警能力和预警信息共享能力3个二级指标。

①灾害监测能力：此项指标旨在表征气象灾害监测的密度、覆盖面和预警信息传递速度等。此项指标的三级指标涵盖了基本气象信息、气象灾害过程信息的监测，同时遵循综合减灾理念，将地质灾害、水文灾害信息监测等纳入评价指标。

②灾害预警能力：主要通过气象灾害临近预报，容易引发多种地质灾害的强对流预报以及气象要素诱发的地质灾害预报的能力水平来表征。

③灾害预警信息共享能力：考虑到"横向到边，纵向到底"的应急管理网络运行要求，本指标的三级指标着重测度气象灾害预警信息共享给政府机构、基层社会单元、普通公民和社会组织的能力。

（3）应急处置与救援能力

本部分主要测度政府应急处置与救援的基本能力和水平，包括应急救援基础、社会参与水平和灾害损失状态3个二级指标。

①应急救援基础：主要测度医疗资源和灾害相关信息共享的状态，反映应急的基础能力。

②社会参与水平：通过气象信息员和气象协理员的配置水平来表征基层参与和应对气象灾害的能力。

③灾害损失状态：主要通过灾害防御成效来衡量政府应急处置与救援的效果。

（4）灾后恢复保障能力

主要从资金保障和重建能力两方面衡量。灾后恢复的资金来源主要包括政府、社会机构和公民的投资和保险。

①保险分担能力：主要测度公民的生存和生命保障水平，以政策性农业保险投入和公民保险保费人均投入两项指标来表征。

②灾后重建能力：主要包括基础设施恢复和生产生活恢复，测度指标包括经济保障能力和固定资产投资。

表 5.1　气象灾害防御能力评价指标体系

一级指标	二级指标	三级指标	标识
灾害防御支撑能力（A）	制度保障能力（a）	省级气象灾害防御法律法规建设力度分值	Aa1
		气象灾害防御规划覆盖率分值	Aa2
		气象灾害应急预案完备率分值	Aa3
		省级气象灾害应急预案适应度分值	Aa4
	技术支撑能力（b）	高炮、火箭保护面积占比分值	Ab5
		可用高炮、火箭配置数分值	Ab6
	经济支撑能力（c）	人均国民生产总值分值	Ac7
		人均基本公共服务支出分值	Ac8
	基础建设能力（d）	每十万人综合减灾示范社区数量分值	Ad9
		农业增收保障面积占农田面积比分值	Ad10
	公众防灾意识（e）	气象知识普及率分值	Ae11
灾害监测预警能力（B）	灾害监测能力（f）	乡镇气象自动观测站配置数分值	Bf12
		闪电定位监测站覆盖率分值	Bf13
		气象雷达覆盖率分值	Bf14
		气象卫星监测覆盖率分值	Bf15
		地质灾害监测点覆盖率分值	Bf16
		水文监测点覆盖率分值	Bf17
	灾害预警能力（g）	气象灾害预警信号准确率分值	Bg18
		24 小时晴雨预报准确率分值	Bg19
		暴雨预警准确率分值	Bg20
		强对流天气预警相对提前量分值	Bg21
		地质灾害预警准确率分值	Bg22
	灾害预警信息共享能力（h）	省级决策气象服务供给数量分值	Bh23
		县（市）级决策气象服务平均供给数量分值	Bh24
		气象预警信息村与社区单元覆盖率分值	Bh25
		气象预警信息广电媒体覆盖率分值	Bh26
		气象预警信息社会机构覆盖率分值	Bh27

一级指标	二级指标	三级指标	标识
应急处置与救援能力（C）	应急救援基础（i）	应急联动部门信息共享率分值	Ci28
		地方财政人均医疗卫生支出分值	Ci29
		每万人医疗机构床位数分值	Ci30
	社会参与水平（j）	村（社区）气象信息员配置率分值	Cj31
		乡镇（街道）气象协理员配置率分值	Cj32
	灾害损失状态（k）	农业自然灾害成灾率分值	Ck33
		每百万人自然灾害死亡人数分值	Ck34
灾后恢复保障能力（D）	保险分担能力（l）	政策性农业保险投入率分值	Dl35
		公民保险保费人均投入分值	Dl36
	灾后重建能力（m）	灾后经济恢复支持率分值	Dm37
		灾后恢复建设支持率分值	Dm38

（5）气象灾害防御能力评估调节系数

气象灾害具有时空分布特征，该特征使得我国不同地区气象灾害防御的难度差异较大。以暴雨灾害为例，我国东南沿海地区暴雨频繁，洪涝灾害比较严重；中部地区由于地形复杂，过程变化剧烈，暴雨经常伴随泥石流、山体滑坡等灾害；西部地区属于干旱气候，土壤干燥，透水性差，偶发性强对流天气，但一般情况下与东南地区洪涝灾害相比较轻。

气象灾害的时空分布特征导致我国部分地区的气象灾害风险相较其他区域要更严重，容易遭受的气象灾害种类和次数也更加丰富和频繁。这在客观上也对气象灾害风险更重的区域的气象灾害防御能力提出了更高的要求，而相应的，对气象灾害风险较轻的区域的气象灾害防御能力的建设目标则可以适当地放宽。这样做的优势在于可以避免过度建设、过度防御带来的资源浪费，将有限的资源用于切实提高高风险区域的灾害防御能力水平。

因此，本文在灾害防御能力评估的过程中考虑引入评估调节系数，通过评估调节系数更好地反应各省份的气象灾害风险防御需求与实际防御能力水平的匹配情况。为了方便理解，举个简单的示例：经过灾害防御能力初步评估认为，A 区防御能力相较 B 区的防御能力更高；但经过调节系数评估后，其实发现 A 区的防御能力实际上相较 B 区更弱些。这是因为 A 区的气象灾害风险相较 B 区的气象灾害风险更高，A 区现有的灾害防御能力还无法满足气象灾害高风险带来的高要求，而 B 区由于现有的气象灾害防御能力和其本身的气象灾害风险水平处在相对适配的状态，最终的防御能力得分要相对更高一些。

5.2　指标数据来源与分值计算方法

5.2.1　三级指标数据来源与整序方案

（1）数据来源

三级指标数据主要来自 2014—2018 年《气象现代化评估》，2014—2018 年《中国统计年鉴》，2014—2018 年《中国国土资源年鉴》，2014—2018 年《中国水利统计年鉴》，部分数据来自于官网新闻。

（2）整序方案

三级指标的数据绝大多数来自《中国统计年鉴》和《气象现代化评估》（表5.2）。该指标体系数据的整序原则为：

①客观性原则。指标整序体现不同区域的政府气象灾害防御能力差异。以原始数据为基础，整序后的数据与原始数据能够传递相同的信息，整序后的数据支持决策者对各省份的判断。

②引导性原则。我国正处于灾害治理水平的上升期，通过指标阈值的人为设定而不是基于现有数据的归一化处理，可引导各级政府提升灾害治理水平。

③鼓励性原则。为体现政府工作效能，采用鼓励工作的原则，将各三级指标整序后大部分数据分布在 [65，95] 之间。在有些测度项中，各地方政府分值差异较小，规格化后，容易出现分值差异较大的现象。为了减少指标整序可能给地方政府带来的负向影响，差异较小的指标，或者容易受极端灾害事件影响的指标，其整序后数据分布于 [75，95] 之间。0/1 类指标，其整序后数据分布为 75 或 85。数据差异非常大的，采用先分类、后整序的方法。整序后的数据出现小数，采用向下取整的方式，将其转变为整数（后面计算不再说明）。

表 5.2 三级指标名称、含义及整序方法

标识	指标名称	指标含义	整序方法
Aa1	省级气象灾害防御法律法规建设力度分值	省级气象灾害防御法规 1 部以上	大于等于 1，为 85 分；0 为 75 分
Aa2	气象灾害防御规划覆盖率分值	防御规划省、市、县覆盖率（县 ×70%+ 市 ×30%）	统一按照公式计算①
Aa3	气象灾害应急预案完备率分值	气象灾害应急预案完备率	统一按照公式计算
Aa4	省级气象灾害应急预案适应度分值	甄别省级气象灾害应急预案颁布实施多年未更新（3 年以上）	统一按照公式计算
Ab5	高炮、火箭保护面积占比分值	高炮、火箭保护面积占国土面积比。（增雨作业目标区面积 + 防雹作业可保护面积）/ 农田面积	表 Ab5YY/ 表 YY
Ab6	可用高炮、火箭配置数分值	可用高炮火箭数 / 农田面积（架 / 万平方公里）（高炮数 + 火箭数）	统一按照公式计算；表 Ab6YY/ 表 YY
Ac7	人均国民生产总值分值	地区人均生产总值	表 Ac7XX/ 表 XX
Ac8	人均基本公共服务支出分值	地方基本公共服务支出（元 / 人）	统一按照公式计算；表 Ac8XX/ 表 XX
Ad9	每十万人综合减灾示范社区数量分值	（累积）综合减灾示范社区数量 / 十万人	统一按照公式计算；表 Ad9XX/ 表 XX
Ad10	农业增收保障面积占农田面积比分值	（除涝面积 + 灌溉面积）/ 农田面积	表 Ad10YY/ 表 YY
Ae11	气象知识普及率分值	气象知识普及率	—
Bf12	乡镇气象自动观测站配置数分值	气象自动观测站数 / 乡镇级区划数	统一按照公式计算；表 Bf12TT/ 表 TT
Bf13	闪电定位监测站覆盖率分值	闪电定位监测业务站个数 / 万平方公里	统一按照公式计算；表 Bf13ZZ/ 表 ZZ
Bf14	气象雷达覆盖率分值	气象雷达数 / 万平方公里	统一按照公式计算；表 Bf14ZZ/ 表 ZZ
Bf15	气象卫星监测覆盖率分值	气象卫星监测台站率 /（县 + 地级区划数）	统一按照公式计算；表 Bf15SS/ 表 SS

---

① 各省份的市、县覆盖率不同，根据《中华人民共和国突发事件应对法》，县级机构是减灾的基本机构，县级以上机构有指导职责。所以，按照县级 70% 加市级 30% 合成本指标。如果出现数值大于 1，将其订正为 1。

续表

标识	指标名称	指标含义	整序方法
Bf16	地质灾害监测点覆盖率分值	地质灾害监测点	突发性、缓变性、地下水监测点累加值。表 Bf16RR/ 表 RR
Bf17	水文监测点覆盖率分值	水文监测点（处 / 亿立方米）	水文站、水位站、雨量站的累加值。表 Bf17RR/ 表 RR
Bg18	气象灾害预警信号准确率分值	气象灾害预警信号准确率	统一按照公式计算①
Bg19	24 小时晴雨预报准确率分值	24 小时晴雨预报准确率	统一按照公式计算
Bg20	暴雨预警准确率分值	暴雨预警准确率	统一按照公式计算
Bg21	强对流天气预警相对提前量分值	强对流天气预警提前量	统一按照公式计算
Bg22	地质灾害预警准确率分值	地质灾害预警报对率	统一按照公式计算
Bh23	省级决策气象服务供给数量分值	向省级提供决策气象服务数量	统一按照公式计算（重要气象信息服务 + 其他气象信息服务）
Bh24	县市级决策气象服务平均供给数量分值	向县、市提供决策气象服务	（向市级、县级）提供的信息总量 / 市县数量
Bh25	气象预警信息村与社区单元覆盖率分值	气象预警社会单元覆盖面	统一按照公式计算
Bh26	气象预警信息广电媒体覆盖率分值	气象预警信息广电媒体覆盖面	统一按照公式计算
Bh27	气象预警信息社会机构覆盖率分值	气象预警信息社会机构覆盖面	统一按照公式计算
Ci28	应急联动部门信息共享率分值	气象灾害信息应急联动部门省级部门双向共享率	统一按照公式计算
Ci29	地方财政人均医疗卫生支出分值	地方财政医疗卫生支出	—
Ci30	每万人医疗机构床位数分值	每万人医疗机构床位数	统一按照公式计算
Cj31	村（社区）气象信息员配置率分值	村（社区）气象信息员配置到位率	统一按照公式计算

---

① 　仅有 2018 年数据。

标识	指标名称	指标含义	整序方法
Cj32	乡镇（街道）气象协理员配置率分值	乡镇（街道）气象协理员配置到位率	统一按照公式计算
Ck33	农业自然灾害成灾率分值	自然灾害农作物绝收面积 / 总种植面积（公顷 / 百公顷）	统一按照公式计算；表 Ck33YY/ 表 YY
Ck34	每百万人自然灾害死亡人数分值	自然灾害死亡人数 / 百万人	统一按照公式计算；表 Ck34XX/ 表 XX
Dl35	政策性农业保险投入率分值	农业政策保险收入率（投入 / 农业 GDP）（元 / 百元）	统一按照公式计算；表 Dl35UU/ 表 UU
Dl36	公民保险保费人均投入分值	保险保费收入（元 / 人）	统一按照公式计算；表 Dl36XX/ 表 XX
Dm37	灾后经济恢复支持率分值	（社会保障和就业支出－因灾直接损失）/ 社会保障和就业支出	（表 Dm37OO －表 OO 直接损失）/ 表 Dm37OO
Dm38	灾后恢复建设支持率分值	（固定资产投资额－因灾直接损失）/ 固定资产投资额	（表 Dm38VV －表 VV）/ 表 Dm38VV

5.2.2　三级指标数据说明与分值计算方法

（1）灾害防御支撑能力——制度保障能力——省级气象灾害防御法律法规建设力度分值（Aa1）

数据说明：2010 年《气象灾害防御条例》颁布实施后，部分省级政府出台了本省的气象灾害防御条例，也有个别省份没有出台（未在公共平台检索到）。所以 2014—2018 年，大部分省份为 1，个别省份没有值，赋值为 0。

阈值设定：[0，1]。

计算方法：

$$Aa1_i = \begin{cases} 75 & \text{当未查到气象灾害防御条例} \\ 85 & \text{当查到气象灾害防御条例} \end{cases} \quad (5.1)$$

其中：i=1，2，…，N，为中国省级单位标号。

（2）灾害防御支撑能力——制度保障能力——气象灾害防御规划覆盖率分值（Aa2）

数据说明：根据突发事件应对法，县级机构是减灾的基本机构，县级以上机构有指导职责。所以，按照县级 70% 加市级 30% 合成本指标。如果出现数值大于 1，将其订正为 1。

气象灾害防御规划覆盖率 = 县级防御规划覆盖率 ×70%+ 市级防御规划覆盖率 ×30%。

其中，北京、上海、天津、重庆 4 个直辖市中的县级覆盖率使用全国平均覆盖率代替（下同）。

2014—2018 年，市级防御规划覆盖率大部分已经达到 100%。北京市 2018 年为 87.5%，其他年份为 100%。辽宁省市级防御规划覆盖率不详，但是县级防御规划覆盖率在逐步增加。

阈值设定：[0，100%]（阈值的最低值到最高值，无特殊情况，后面不再说明）。

计算方法：

$$Aa2_i=65+（县级防御规划覆盖率_i×70\%+市级防御规划覆盖率_i×30\%）×30 \qquad （5.2）$$

其中：$i=1，2，\cdots，N$，为中国省级单位标号。

（3）灾害防御支撑能力——制度保障能力——气象灾害应急预案完备率分值（$Aa3$）

数据说明：该数值大部分为 100，最低值为 92。以最大值和最小值为阈值。2016 年数据无，用 2015 年和 2017 年数据平均值代替（向下取整）。原数据中超过 100 的数，统一用 100 代替。

阈值设定：[92，100]。

计算方法：

$$Aa3_i=\begin{cases} 65+\dfrac{应急预案完备率_i-92}{100-92}×30，& 应急预案完备率_i\in[92，100] \\ 65，& 应急预案完备率_i<92 \\ 95，& 应急预案完备率_i>100 \end{cases} \qquad （5.3）$$

其中：$i=1，2，\cdots，N$，为中国省级单位标号。

（4）灾害防御支撑能力——制度保障能力——省级气象灾害应急预案适应度分值（$Aa4$）

数据说明：省级应急预案发布的年份中，最大值是 2018，最小值是 2006。省级气象灾害应急预案适应度 = 当年 – 应急预案更新年份。

阈值设定：[2006，当年]。

得分计算方法：

$$Aa4_i = \begin{cases} 95, & 当年 – 应急预案更新年份 \leq 1 \\ 85, & 当年 – 应急预案更新年份 = 2 \\ 75, & 当年 – 应急预案更新年份 = 3 \\ 65, & 当年 – 应急预案更新年份 \geq 4 \end{cases}$$ （5.4）

其中：i=1，2，…，N，为中国省级单位标号。

（5）灾害防御支撑能力——技术支撑能力——高炮、火箭保护面积占比分值（$Ab5$）

数据说明：2018 年数据缺失，采用 2017 年数据代替。内蒙古主要为草原且同时使用飞机增雨，故其无量纲数据采用"原数据"乘 1.5 进行调整。

阈值设定：[0，11]。

计算方法：

$$Ab5_i = \begin{cases} 65 + \dfrac{高炮火箭保护面积_i / 农田面积_i}{11} \times 30, & 高炮火箭保护面积_i / 农田面积_i \in [0，11] \\ 95, & 高炮火箭保护面积_i / 农田面积_i > 11 \end{cases}$$ （5.5）

其中：i=1，2，…，N，为中国省级单位标号。

（6）灾害防御支撑能力——技术支撑能力——可用高炮火箭配置数分值（$Ab6$）

数据说明：2017 年，我国农田万平方公里高炮和火箭的配置数量分布于 [0，818] 之间。北京、青海、西藏的农田占比相对较小，故以 [0，–300] 为阈值。2018 年数据用 2017 年数据代替。内蒙古主要采用飞机进行人工影响天气作业，故其无量纲数据采用"原数据"乘 1.5 进行调整。

阈值设定：[0，300]。

计算方法：

$$Ab6_i = \begin{cases} 65 + \dfrac{高炮火箭数_i / 农田面积_i}{300} \times 30, & 高炮火箭数_i / 农田面积_i \in [0，300] \\ 95, & 高炮火箭数_i / 农田面积_i > 300 \end{cases}$$ （5.6）

其中：i=1，2，…，N，为中国省级单位标号。

（7）灾害防御支撑能力——经济支撑能力——人均生产总值分值（*Ac*7）

数据说明：2018 年，我国省（区、市）人均 GDP 分布于 [3.1，14.1] 万元之间。我国整体属于中等偏上收入国家，基本可以应对 50 年一遇的各类灾害。所以阈值设定为 [2.9，9] 万元（2018 年，中等偏上收入国家平均人均 GDP 的上下限）。

阈值设定：[2.9，9]。

计算方法：

$$Ac7_i=\begin{cases}65+\dfrac{人均生产总值_i-2.9}{9-2.9}\times30, & 人均生产总值_i\in[2.9，9]\\ 65, & 人均生产总值_i<2.9\\ 95, & 人均生产总值_i>9\end{cases}\qquad(5.7)$$

其中：i=1，2，…，N，为中国省级单位标号。

（8）灾害防御支撑能力——经济支撑能力——人均基本公共服务支出分值（*Ac*8）

数据说明：人均基本公共服务支出的最小值是 6334 元 / 人，最大值是 57287元 / 人。随着我国经济的发展，基本公共服务支出会相应增加。但是，我国近年在实施减税政策，税收占 GDP 比重可能下降。因此，人均基本公共服务支出阈值为2014—2018 年的最大值和最小值。

阈值设定：[6334，57287]。

计算方法：

$$Ac8_i=\begin{cases}65+\dfrac{人均基本公共服务支出_i-6334}{57287-6334}\times30, & 人均基本公共服务支出_i\in[6334，57287]\\ 65, & 人均基本公共服务支出_i<6334\\ 95, & 人均基本公共服务支出_i>57287\end{cases}\qquad(5.8)$$

其中：i=1，2，…，N，为中国省级单位标号。

（9）灾害防御支撑能力——基础建设能力——每十万人综合减灾示范社区数量分值（*Ad*9）

数据说明：该数据是累加值（从 2014 年开始累加），2018 年最大值和最小值分别为 1.34 和 0.17。按照综合减灾示范区的评选量，建议参考阈值如下。

阈值设定：[0.2，1.5]。

计算方法：

$$Ad9_i=\begin{cases}65+\dfrac{综合减灾示范区数/十万人_i-0.2}{1.5-0.2}\times30, & 综合减灾示范区数/十万人_i\in[0.2,1.5]\\65, & 综合减灾示范区数/十万人_i<0.2\\95, & 综合减灾示范区数/十万人_i>1.5\end{cases} \quad(5.9)$$

其中：$i=1$，2，$\cdots$，N，为中国省级单位标号。

（10）灾害防御支撑能力——基础建设能力——农业增收保障面积占农田面积比分值（$Ad10$）

数据说明：除涝和灌溉分别代表各区域对旱涝等主要自然灾害的治理状况。该数据2018年的最大值为185.8%，最小值为25.1%。如果能够达到200%，则该区域的田地可能旱涝保收。这里取2018年的最大值和最小值为阈值。

阈值设定：[0.251，1.858]。

计算方法：

$$Ad10_i=\begin{cases}65+\dfrac{保障面积/农田面积_i-0.251}{1.858-0.251}\times30, & 保障面积/农田面积_i\in[0.251,1.858]\\65, & 保障面积/农田面积_i<0.251\\95, & 保障面积/农田面积_i>1.858\end{cases} \quad(5.10)$$

其中：$i=1$，2，$\cdots$，N，为中国省级单位标号。

（11）灾害防御支撑能力——公众防灾意识——气象知识普及率分值（$Ae11$）

数据说明：气象知识普及率为56%~93%，提升气象知识普及率，有助于公众提高防灾减灾意识、积极科学减灾自救。

阈值设定：[0.56，0.93]。

计算方法：

$$Ae11_i=\begin{cases}65+\dfrac{气象知识普及率_i-0.56}{0.93-0.56}\times30, & 气象知识普及率_i\in[0.56,0.93]\\65, & 气象知识普及率_i<0.56\\95, & 气象知识普及率_i>0.93\end{cases} \quad(5.11)$$

其中：$i=1$，2，$\cdots$，N，为中国省级单位标号。

（12）灾害监测预警能力——灾害监测能力——乡镇自动气象观测站配置数分值（$Bf12$）

数据说明：该原始数据是自动站（个）。我国实施以人为本的减灾策略，乡镇是基层政府机构。乡镇设置的自动气象观测站可以使基层单位迅速掌握天气实况信息，有助于迅速采取减灾措施。数值分布在 [0.32，3.97] 之间。由于宁夏数据远高于其他省份，其他绝大部分数据位于 2.5 以下。故阈值设定为 [0.32，2.5]。2018 年数据使用 2017 年数据代替。

阈值设定：[0.32，2.5]。

计算方法：

$$Bf12_i = \begin{cases} 65 + \dfrac{\text{乡镇自动气象观测站配置数}_i - 0.32}{2.5 - 0.32} \times 30, & \text{乡镇自动气象观测站配置数}_i \in [0.32,\ 2.5] \\ 65, & \text{乡镇自动气象观测站配置数}_i < 0.32 \\ 95, & \text{乡镇自动气象观测站配置数}_i > 2.5 \end{cases} \quad (5.12)$$

其中：$i=1，2，\cdots，N$，为中国省级单位标号。

（13）灾害监测预警能力——灾害监测能力——闪电定位监测站覆盖率分值（$Bf13$）

数据说明：本指标用闪电定位数值/辖区面积（万平方公里）测算。2017 年，数值分布于 [0.12，4.85]。由于省份间数据差异较大，以后需要着重提高覆盖率较低省份的闪电定位仪配置数量。故阈值的最低值在 2017 年基础上提高 15%。最高值设为 2017 年数据的四分之三分位点。2018 年没有数据，使用 2017 年数据代替。

阈值设定：[0.14，1.2]。

计算方法：

$$Bf13_i = \begin{cases} 65 + \dfrac{\text{闪电定位国土覆盖率}_i - 0.14}{1.2 - 0.14} \times 30, & \text{闪电定位国土覆盖率}_i \in [0.14,\ 1.2] \\ 65, & \text{闪电定位国土覆盖率}_i < 0.14 \\ 95, & \text{闪电定位国土覆盖率}_i > 1.2 \end{cases} \quad (5.13)$$

其中：$i=1，2，\cdots，N$，为中国省级单位标号。

（14）灾害监测预警能力——灾害监测能力——气象雷达覆盖率分值（$Bf14$）

数据说明：雷达可以对一定区域范围内进行监测，故使用雷达数量/万平方公里表征雷达覆盖度。数值分布在 [0.17，25.49] 之间。东部沿海地区雷达基本覆盖，所以最高值较高，建议适度提升覆盖率较低的省份的雷达配置数量。阈值的最高值设置为 2017 年雷达覆盖率的四分之三分位点。2018 年数据使用 2017 年数据替代。

阈值设定：[0.2，2.4]。

计算方法：

$$Bf14_i = \begin{cases} 65 + \dfrac{\text{气象雷达覆盖率}_i - 0.2}{2.4 - 0.2} \times 30, & \text{气象雷达覆盖率}_i \in [0.2，2.4] \\ 65, & \text{气象雷达覆盖率}_i < 0.2 \\ 95, & \text{气象雷达覆盖率}_i > 2.4 \end{cases} \tag{5.14}$$

其中：i=1，2，…，N，为中国省级单位标号。

（15）灾害监测预警能力——灾害监测能力——气象卫星监测覆盖率分值（$Bf15$）

数据说明：各省份气象卫星监测覆盖度 2014—2017 年没有变化。卫星监测覆盖率分布在 [0.034，0.35] 之间。阈值范围不变。

阈值设定：[0.034，0.35]。

计算方法：

$$Bf15_i = \begin{cases} 65 + \dfrac{\text{气象卫星监测台覆盖率}_i - 0.034}{0.35 - 0.034} \times 30, & \text{气象卫星监测台覆盖率}_i \in [0.034，0.35] \\ 65, & \text{气象卫星监测台覆盖率}_i < 0.034 \\ 95, & \text{气象卫星监测台覆盖率}_i > 0.35 \end{cases} \tag{5.15}$$

其中：i=1，2，…，N，为中国省级单位标号。

（16）灾害监测预警能力——灾害监测能力——地质灾害监测点覆盖率分值（$Bf16$）

数据说明：地质灾害发生频率与该地区所处地理位置相关。所以，部分省份的监测点数量非常多，如四川、重庆等地。部分省份的监测点数量较少，如西藏、青海。我国地质结构特征决定处于第二台阶的省份更容易发生地质灾害。为了评测公平，将省份分为三类，分别为高风险区、中风险区和低风险区。划分依据为 2017 年地质灾害监测点数。高风险区指大于 10000 个监测点的省份；中风险区地质灾害监测点处于 [2000，10000] 之间；低风险区地质灾害监测点小于 2000。

高风险区：四川、重庆、云南、陕西。

中风险区：河北、上海、浙江、湖南、广西、贵州、甘肃、内蒙古、宁夏、湖北、广东。

低风险区：北京、天津、山西、辽宁、吉林、黑龙江、江苏、安徽、福建、江西、山东、河南、海南、西藏、青海、新疆。

高风险区地质灾害监测点覆盖度位于 [11913，32390] 之间，中风险区地质灾害监测点覆盖度位于 [2331，7630] 之间，低风险区地质灾害监测点覆盖度位于 [135，2871] 之间。

阈值设定：高风险区 [11913，32390]，中风险区 [2331，7630]，低风险区 [135，2871]。

计算方法：

$$Bf16_{ij}=\begin{cases} 65+\dfrac{地质灾害监测点_{ij}-Min_j}{Max_j-Min_j}\times 30，& 地质灾害监测点_{ij}\in[Min_j，Max_j] \\ 65，& 地质灾害监测点_{ij}<Min_j \\ 95，& 地质灾害监测点_{ij}>Max_j \end{cases} \quad (5.16)$$

其中：i=1，2，…，N，为中国省级单位标号。j=1，2，3，分别代表高风险区、中风险区和低风险区。Min_j 和 Max_j 分别代表所在风险区阈值的最小值和最大值。

（17）灾害监测预警能力——灾害监测能力——水文监测点覆盖率分值（*Bf*17）

数据说明：水文监测的重要目的是防灾减灾。这里采用单位地表水资源监测点数量描述水文监测情况。气候变化可能引发空中水资源分布的变化，故以前的低风险区可能演变为高风险区。所以，水文监测按照统一模式进行处理，数据分布区间为 [0，150]。宁夏比较特殊，其主要原因是地表水资源非常少。

2018 年数据使用 2017 年数据代替。

阈值设定：[0，20]。

计算方法：

$$Bf17_i=\begin{cases} 65+\dfrac{水文监测点覆盖率_i}{20}\times 30，& 水文监测点覆盖率_i\in[0，20] \\ 95，& 水文监测点覆盖率_i>20 \end{cases} \quad (5.17)$$

其中：i=1，2，…，N，为中国省级单位标号。

（18）灾害监测预警能力——预报预警能力——气象灾害预警信号准确率分值（$Bg18$）

数据说明：2018 年灾害性天气预警准确率提升度。提升度越高，原预测偏差越大；提升度为负值，说明临近预测不如原预测准确。所以，提升度在某一个区间内是合理的，过大或者过小均暴露一定的问题。不同灾害的合理区间设定方法，是 0 到中位数。以 2018 年数据计算，大风 [0，12.81]（0，中位数）（极大值 66.56）；冰雹 [0，16.07]（0，中位数）（极大值 100）；大雾 [0，13.69]（0，中位数）（极大值 36.33）；暴雨 [0，14.4]（0，中位数）（极大值 72.91）。

阈值设定：大风 [0，12.81]，大雾 [0，13.69]，冰雹 [0，16.07]，暴雨 [0，14.4]。

计算方法：

$$Bg18_i=\frac{1}{4}\sum_{j=1}^{4}Bg18_{ij}\begin{cases}95-\dfrac{预警提升度_{ij}-M_j}{Max_j-M_j}\times30, & 预警提升度_{ij}\in[M_j,Max_j]\\[2mm] 95-\dfrac{-预警提升度_{ij}}{Max_j-M_j}\times30, & 预警提升度_{ij}<0\\[2mm] 65, & 预警提升度_{ij}>Max_j \quad or-预警提升度_{ij}>(Max_j-M_j)\\[2mm] 95, & 预警提升度_{ij}\in[0,M_j]\end{cases}\qquad(5.18)$$

其中：$i=1，2，\cdots，N$，为中国省级单位标号。$j=1，2，3，4$，分别代表不同灾种。大风 [0，12.81]，即 [0，M_1]（极大值 Max_1 为 66.56）；冰雹 [0，16.07]，即 [0，M_2]（极大值 Max_2 为 100）；大雾 [0，13.69]，即 [0，M_3]（极大值 Max_3 为 36.33）；暴雨 [0，14.4]，即 [0，M_4]（极大值 Max_4 为 72.91）。

（19）灾害监测预警能力——预报预警能力——24 小时晴雨预报准确率分值（$Bg19$）

数据说明：该数据最小值 73，最大值 94。由于技术发展，未来该数据会略有提升。

阈值设定：[73，94]。

计算方法：

$$Bg19_i=\begin{cases}75+\dfrac{24\text{小时晴雨预报准确率}_i-73}{94-73}\times20, & 24\text{小时晴雨预报准确率}_i\in[73,94]\\[2mm] 75, & 24\text{小时晴雨预报准确率}_i<73\\[2mm] 95, & 24\text{小时晴雨预报准确率}_i>94\end{cases}\qquad(5.19)$$

其中：i=1，2，…，N，为中国省级单位标号。

（20）灾害监测预警能力——预报预警能力——暴雨预警准确率分值（$Bg20$）

数据说明：该数据 2018 年最小值 65，最大值 100。受到技术发展水平的制约，未来 5 年该数据变化不大。

阈值设定：[65，100]。

计算方法：

$$Bg20_i=\begin{cases}75+\dfrac{暴雨预警准确率_i-65}{100-65}\times20,\ 暴雨预警准确率_i\in[65，100]\\75,\qquad\qquad暴雨预警准确率_i<65\\95,\qquad\qquad暴雨预警准确率_i>100\end{cases}\qquad（5.20）$$

其中：i=1，2，…，N，为中国省级单位标号。

（21）灾害监测预警能力——预报预警能力——强对流天气预警相对提前量分值（$Bg21$）

数据说明：该数据最低值 0，最高值 5.16。数值过高存在偶然性因素。数值过低同样可能存在问题。所以将阈值设定为 [0.2，1.8]，即比全国平均水平低 80%，或者高 80% 以内。

阈值设定：[0.2，1.8]。

计算方法：

$$Bg21_i=\begin{cases}75+\dfrac{强对流天气预警相对提前量_i-0.2}{1.8-0.2}\times20,\ \begin{matrix}强对流天气预\\警相对提前量_i\in[0.2，1.8]\end{matrix}\\75,\qquad\qquad强对流天气预警相对提前量_i<0.2\\95,\qquad\qquad强对流天气预警相对提前量_i>1.8\end{cases}\qquad（5.21）$$

其中：i=1，2，…，N，为中国省级单位标号。

（22）灾害监测预警能力——预报预警能力——地质灾害预警准确率分值（$Bg22$）

数据说明：由于 2019 年开始预测，所以没有历史预警率。由于地质灾害的预警难度较大。参考"24 小时晴雨预报准确率"的 30% 设定。

阈值设定：[22，28]。

计算方法：

$$Bg22_i = \begin{cases} 75 + \dfrac{\text{地质灾害预警准确率}_i - 22}{28 - 22} \times 20, & \text{地质灾害预警准确率}_i \in [22, 28] \\ 75, & \text{地质灾害预警准确率}_i < 22 \\ 95, & \text{地质灾害预警准确率}_i > 28 \end{cases} \quad (5.22)$$

其中：$i=1$，2，…，N，为中国省级单位标号。

（23）灾害监测预警能力——预警信息共享能力——省级决策气象服务供给数量分值（$Bh23$）

数据说明：各省份该数据差异较大，部分省份是个位数，部分省份达到10000以上。考虑到决策者的信息处理能力，取2018年决策信息的四分位点和四分之三分位点数作为阈值。

阈值设定：[208，1039]。

计算方法：

$$Bh23_i = \begin{cases} 75 + \dfrac{\text{省级决策气象服务供给数量}_i - 208}{1039 - 208} \times 20, & \begin{array}{l}\text{省级决策气象}\\\text{服务供给数量}_i \in [208, 1039]\end{array} \\ 75, & \text{省级决策气象服务供给数量}_i < 208 \\ 95, & \text{省级决策气象服务供给数量}_i > 1039 \end{cases} \quad (5.23)$$

其中：$i=1$，2，…，N，为中国省级单位标号。

（24）灾害监测预警能力——预警信息共享能力——县市级决策气象服务平均供给数量分值（$Bh24$）

数据说明：北京市2014—2016年分值非常高，其可能的原因是统计标准存在理解性偏差。其他省级机构统计结果显示，最大值为1217，最小值为0。绝大多数数据位于200以下。信息社会，信息传递途径具有多元化特征，决策气象服务需要控制在合理数量，以确保信息能够得到决策部门的有效应用和处理。阈值设置为[24，182]，即每月两份到每两天一份。

阈值设定：[24，182]。

计算方法：

其中：i=1，2，…，N，为中国省级单位标号。

（27）灾害监测预警能力——预警信息共享能力——气象预警信息社会机构覆盖率分值（$Bh27$）

数据说明：气象预警信息社会机构覆盖率的计算方法如下：

$$J_3 = \frac{\sum\limits_{i=1}^{n} 建立气象预警发布机制的社会机构数}{\sum\limits_{i=1}^{n} 拥有公共传播媒体的社会机构数} \times 100\%$$

其中，J_3 为气象预警信息社会机构覆盖率；n 为本省地市级和省会城市的总和；拥有公共传播媒体的社会机构主要包括移动、联通、电信、广播电台、电视台、当地政府网站、交通管理、城管、公交公司、出租车公司 10 类政府部门和企事业单位。该数据最低值 65，最高值 100。2016 年数据使用 2015 年和 2017 年平均数代替。

阈值设定：[65，100]。

计算方法：

$$Bh27_i = \begin{cases} 75 + \dfrac{气象预警信息社会机构覆盖率_i - 65}{100 - 65} \times 20, & 气象预警信息社会机构覆盖率_i \in [65，100] \\ 75, & 气象预警信息社会机构覆盖率_i < 65 \\ 95, & 气象预警信息社会机构覆盖率_i > 100 \end{cases} \quad （5.27）$$

其中：i=1，2，…，N，为中国省级单位标号。

（28）应急处置与救援能力——应急救援基础——应急联动部门信息共享率分值（$Ci28$）

数据说明：该数据最低值 74.2，最高值 100。

阈值设定：[74.2，100]。

计算方法：

$$Ci28_i = \begin{cases} 65 + \dfrac{应急联动部门信息共享率_i - 74.2}{100 - 74.2} \times 30, & 应急联动部门信息共享率_i \in [74.2,\ 100] \\[3mm] 65, & 应急联动部门信息共享率_i < 74.2 \\ 95, & 应急联动部门信息共享率_i > 100 \end{cases} \quad (5.28)$$

其中：$i=1$，2，$\cdots$，N，为中国省级单位标号。

（29）应急处置与救援能力——应急救援基础——地方财政人均医疗卫生支出分值（$Ci29$）

数据说明：2018 年各省级单位人均医疗卫生支出分布于 [797，3108] 元之间。人均医疗支出最高的是西藏。大部分省份为 1000~2000 元之间。好的医疗条件是减少人员死亡的基础。阈值设为 2018 年的最大值和最小值。

阈值设定：[797，3108]。

计算方法：

$$Ci29_i = \begin{cases} 65 + \dfrac{地方财政人均医疗卫生支出_i - 797}{3108 - 797} \times 30, & 地方财政人均医疗卫生支出_i \in [797,\ 3108] \\[3mm] 65, & 地方财政人均医疗卫生支出_i < 797 \\ 95, & 地方财政人均医疗卫生支出_i > 3108 \end{cases} \quad (5.29)$$

其中：$i=1$，2，$\cdots$，N，为中国省级单位标号。

（30）应急处置与救援能力——应急救援基础——每万人医疗机构床位数分值（$Ci30$）

数据说明：该数据万人拥有床位数，最小值为 37，最大值为 72。

阈值设定：[37，72]。

计算方法：

$$Ci30_i = \begin{cases} 65 + \dfrac{每万人医疗机构床位数_i - 37}{72 - 37} \times 30, & 每万人医疗机构床位数_i \in [37,\ 72] \\[3mm] 65, & 每万人医疗机构床位数_i < 37 \\ 95, & 每万人医疗机构床位数_i > 72 \end{cases} \quad (5.30)$$

其中：i=1，2，…，N，为中国省级单位标号。

（31）应急处置与救援能力——社会参与水平——村（社区）气象信息员配置率分值（$Cj31$）

数据说明：该数据 2018 年的最低值 95.5，最高值为 100，未来会进一步提高。

阈值设定：[95.5，100]。

计算方法：

$$Cj31_i=\begin{cases} 65+\dfrac{\text{村（社区）气象}\atop\text{信息员配置率}_i-95.5}{100-95.5}\times 30, & {\text{村（社区）气象}\atop\text{信息员配置率}_i}\in[95.5，72] \\ 65, & \text{村（社区）气象信息员配置率}_i<95.5 \\ 95, & \text{村（社区）气象信息员配置率}_i>100 \end{cases} \quad (5.31)$$

其中：i=1，2，…，N，为中国省级单位标号。

（32）应急处置与救援能力——社会参与水平——乡镇（街道）气象协理员配置率分值（$Cj32$）

数据说明：该数据的最低值 96.3，最高值为 100。

阈值设定：[96.3，100]。

计算方法：

$$Cj32_i=\begin{cases} 65+\dfrac{\text{乡镇（街道）气象}\atop\text{协理员配置率}_i-96.3}{100-96.3}\times 30, & {\text{乡镇（街道）气象}\atop\text{协理员配置率}_i}\in[96.3，72] \\ 65, & \text{乡镇（街道）气象协理员配置率}_i<96.3 \\ 95, & \text{乡镇（街道）气象协理员配置率}_i>100 \end{cases} \quad (5.32)$$

其中：i=1，2，…，N，为中国省级单位标号。

（33）应急处置与救援能力——灾害损失状态——农业自然灾害成灾率分值（$Ck33$）

数据说明：本指标为负向指标，最大值 15.3（2014 年，海南），最小值为 0，大部分数据为 7 以下。

阈值设定：[0，7]。

计算方法：

$$Ck33_i = \begin{cases} 65 + \dfrac{7 - \text{农业自然灾害成灾率}_i}{7} \times 30, & \text{农业自然灾害成灾率}_i \in [0,\ 7] \\ 65, & \text{农业自然灾害成灾率}_i > 7 \end{cases} \quad (5.33)$$

其中：$i=1$，2，$\cdots$，N，为中国省级单位标号。

（34）应急处置与救援能力——灾害损失状态——每百万人自然灾害死亡人数分值（$Ck34$）

数据说明：本指标为负向指标，2018 年最大值 3.5（西藏），最小值为 0，大部分数据为 1 以下。根据我国的减灾规划，年因灾死亡率应低于 1.3 人 / 百万人。所以，阈值设为 [0，1.3]。

阈值设定：[0，1.3]。

计算方法：

$$Ck34_i = \begin{cases} 65 + \dfrac{1.3 - \text{每百万人灾害死亡人数}_i}{1.3} \times 30, & \text{每百万人灾害死亡人数}_i \in [0,\ 13] \\ 65, & \text{每百万人灾害死亡人数}_i > 1.3 \end{cases} \quad (5.34)$$

其中：$i=1$，2，$\cdots\cdots$，N，为中国省级单位标号。

（35）灾后恢复保障能力——保险分担能力——政策性农业保险投入率分值（$Dl35$）

数据说明：北京、上海由于城市化率较高，政策性农业保险投入率分别为 12.8（元 / 百元）和 56.6。其他省份大多为 3.3（浙江）以下。以 2018 年最低值 0.004（四舍五入取 0），和 3.3 为阈值。

阈值设定：[0，3.3]。

计算方法：

$$Dl35_i = \begin{cases} 65 + \dfrac{\text{政策性农业保险投入率}_i}{3.3} \times 30, & \text{政策性农业保险投入率}_i \in [0,\ 3.3] \\ 95, & \text{政策性农业保险投入率}_i > 3.3 \end{cases} \quad (5.35)$$

其中：$i=1$，2，$\cdots$，N，为中国省级单位标号。

（36）灾后恢复保障能力——保险分担能力——保险保费人均投入分值（$Dl36$）

数据说明：保费投入分布于 [831，9088] 之间。随着收入的增加，公民未来保费投入可能进一步增加。2014—2018 年，人身保险的投入增加了 1 倍左右。但是，财产保险的增速低于人身险。

阈值设定：[900，10000]。

计算方法：

$$
Dl36_i=\begin{cases} 65+\dfrac{\text{保险保费人均投入}_i-900}{10000-900}\times 30, & \text{保险保费人均投入}_i\in[900，10000] \\ 65, & \text{保险保费人均投入}_i<900 \\ 95, & \text{保险保费人均投入}_i>10000 \end{cases}\tag{5.36}
$$

其中：i=1，2，…，N，为中国省级单位标号。

（37）灾后恢复保障能力——灾后重建能力——灾后经济恢复支持率分值（$Dm37$）

数据说明：该数据最低值为 –0.36，最高值为 1。当出现负值时，说明灾害对经济影响较大。短时间内，居民的经济、生活将受到较大影响，无法快速恢复。地方政府应该筹措资金，争取快速恢复生产。

阈值设定：[–0.36，1]。

计算方法：

$$
Dm37_i=\begin{cases} 65+\text{灾后经济恢复支持率}_i\times 30, & \text{灾后经济恢复支持率}_i\in[0，1] \\ 65, & \text{灾后经济恢复支持率}_i<0 \end{cases}\tag{5.37}
$$

其中：i=1，2，…，N，为中国省级单位标号。

（38）灾后恢复保障能力——灾后重建能力——灾后恢复建设支持率分值（$Dm38$）

数据说明：固定资产投资可以拉动内需，创造工作机会，改善、恢复居住环境等，是一种重要的灾后恢复措施。我国近年固定资产投资对灾害恢复阶段的支持非常高。最低值 91.73%，最高值 100%，四舍五入选取 [0.9，1] 为阈值。

阈值设定：[0.9，1]。

计算方法：

$$
Dm38_i=\begin{cases} 65+\dfrac{\text{灾后恢复建设支持率}_i-0.9}{1-0.9}\times 30, & \text{灾后恢复建设支持率}_i\in[0.9，1] \\ 65, & \text{灾后恢复建设支持率}_i<0.9 \end{cases}\tag{5.38}
$$

其中：i=1，2，…，N，为中国省级单位标号。

5.2.3　气象灾害防御能力评估调节系数与使用方法

气象灾害防御水平与政治、经济、技术等多种因素相关，同时也与自然灾害的发生频率、发生强度相关。使用气象灾害防御能力调节系数，能够较公平的比较不同省份之间的灾害防御能力差异。这里使用 2011—2018 年平均气象灾害死亡人数（人 / 百万人口）和平均直接经济损失率（直接经济损失 /GDP）与国家的治理目标比值的平均数来测度气象灾害防御能力[①]。

$$
\text{损失程度}_j = \frac{1}{2}\left(\frac{1}{8}\sum_{i=2011}^{2018}\frac{\text{自然灾害死亡人数}_{ij}}{\text{省级区域百万人口}_{ij}}\div 1.3 + \frac{1}{8}\sum_{i=2011}^{2018}\frac{\text{因灾直接损失}_{ij}}{\text{区域生产总值}_{ij}}\div 1.3\%\right)\quad(5.39)
$$

其中，j=1，2，…，N，为中国省级单位标号。1.3 的取值依据详见《国家综合防灾减灾规划（2016—2020 年）》（各省级机构的灾害损失程度分布见图 5.1）。当损失程度小于 1 时，说明该省级单位已经达到国家的气象灾害防御目标。如果损失程度大于 1，说明该省级单位还没有达到国家的气象灾害防御目标。未达标的省份有些是因为本身处于地质灾害或者台风灾害高发区，有些是因为人口过于分散、灾害防御难度较大。

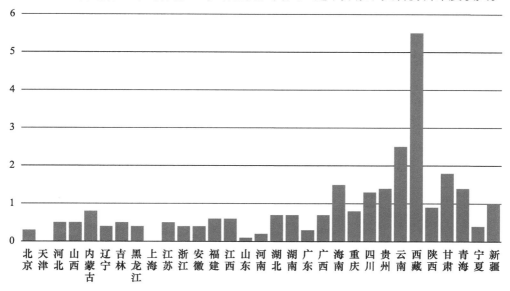

图 5.1　各省（区、市）的灾害损失程度

[①]　2009 年之前只有地震灾害死亡人数和经济损失数据。中国气象年鉴中有描述性数据，但没有分省份。

气象灾害防御能力调节系数旨在更公平地评价不同省级单位的灾害防御能力。灾害系数的计算方法是将损失程度标准化，使其分布于 [−0.025，0.025] 之间（公式 40），调节后的综合得分见公式 41。

$$d_j = \begin{cases} 0.025, & \dfrac{x_j-\overline{x}}{x_{max}-x_{min}} > 0.5 \\[2mm] \dfrac{x_j-\overline{x}}{x_{max}-x_{min}} \times 0.03, & -0.5 > \dfrac{x_j-\overline{x}}{x_{max}-x_{min}} > 0.5 \\[2mm] -0.025, & \dfrac{x_j-\overline{x}}{x_{max}-x_{min}} < -0.5 \end{cases} \quad （5.40）$$

其中，d 为调节系数，x 为损失程度，j=1，2，⋯，N，为中国省级单位标号（图 5.2）。

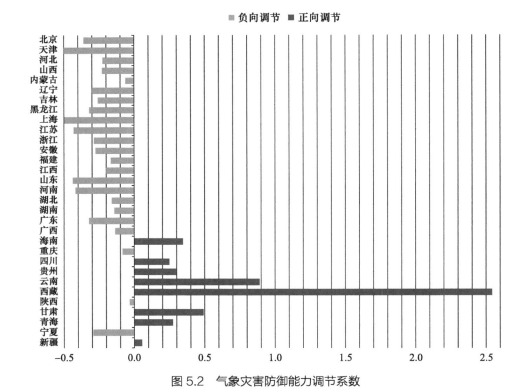

图 5.2　气象灾害防御能力调节系数

$$z_j = z'_j \times （1+d_j）/（1+2.5\%） \quad （5.41）$$

其中，z 为综合得分，z' 为调节前的综合得分，d 为调节系数，j=1，2，⋯，N，为中国省级单位标号。

5.3　指标测算方法与评估结果分析

5.3.1　确定指标权重系数

专家打分法是指通过匿名方式征询有关专家意见，对专家意见进行处理和分析，综合多数专家经验判断，对大量难以采用技术方法进行定量分析的因素做出合理估算，并经过多轮意见征询、反馈和调整来确定指标权重的方法。

首先，请业内十位专家对指标体系权重进行重要性打分，然后采用加权平均的方法获得每一项指标的权重。下面阐述具体操作方法。

第一步，请专家为 10 项能力分别打分。然后计算每一个能力权重。

$$a_i = \left(\sum_{k=1}^{n} \frac{a_{ik}}{\sum_{i=1}^{10} a_{ik}} \times S_k \right) / \sum_{k=1}^{n} S_k \qquad (5.42)$$

其中，a_i 为第 i 个能力的权重，S_k 为第 k 个专家的权重（这里假设不同专家具有不同的权威性）。每一个指标项的分值可以根据该公式分别计算。

第二步，根据每个指标的分值，进行排名。

第三步，排名 1~10 的指标赋权为 0.04；11~20 的指标赋权为 0.03；21~30 的指标赋权为 0.02；31~40 的指标赋权为 0.01（表 5.3）。

表 5.3　指标权重

一级指标	二级指标	三级指标	标识	权重
灾害防御支撑能力（A）	制度保障能力（a）	省级气象灾害防御法律法规建设力度分值	Aa1	0.01
		气象灾害防御规划覆盖率分值	Aa2	0.02
		气象灾害应急预案完备率分值	Aa3	0.03
		省级气象灾害应急预案适应度分值	Aa4	0.04
	技术支撑能力（b）	高炮、火箭保护面积占比分值	Ab5	0.03
		可用高炮火箭配置数分值	Ab6	0.02
	经济支撑能力（c）	人均生产总值分值	Ac7	0.01
		人均基本公共服务支出分值	Ac8	0.04
	基础建设能力（d）	每十万人综合减灾示范社区数量分值	Ad9	0.04
		农业增收保障面积占农田面积比分值	Ad10	0.04
	公众防灾意识（e）	气象知识普及率分值	Ae11	0.03

一级指标	二级指标	三级指标	标识	权重
灾害监测预警能力（B）	灾害监测能力（f）	乡镇气象自动观测站配置数分值	Bf12	0.04
		闪电定位监测站覆盖率分值	Bf13	0.01
		气象雷达覆盖率分值	Bf14	0.02
		气象卫星监测覆盖率分值	Bf15	0.01
		地质灾害监测点覆盖率分值	Bf16	0.03
		水文监测点覆盖率分值	Bf17	0.03
	灾害预报预警能力（g）	气象灾害预警信号准确率分值	Bg18	0.04
		24小时晴雨预报准确率分值	Bg19	0.03
		暴雨预警准确率分值	Bg20	0.04
		强对流天气预警相对提前量分值	Bg21	0.04
		地质灾害预警准确率分值	Bg22	0.02
	预警信息共享能力（h）	省级决策气象服务供给数量分值	Bh23	0.04
		县市级决策气象服务平均供给数量分值	Bh24	0.03
		气象预警信息村与社区单元覆盖率分值	Bh25	0.01
		气象预警信息广电媒体覆盖率分值	Bh26	0.02
		气象预警信息社会机构覆盖率分值	Bh27	0.01
应急处置与救援能力（C）	应急救援基础（i）	应急联动部门信息共享率分值	Ci28	0.03
		地方财政人均医疗卫生支出分值	Ci29	0.02
		每万人医疗机构床位数分值	Ci30	0.01
	社会参与水平（j）	村（社区）气象信息员配置率分值	Cj31	0.03
		乡镇（街道）气象协理员配置率分值	Cj32	0.01
	灾害损失状态（k）	农业自然灾害成灾率分值	Ck33	0.02
		每百万人自然灾害死亡人数分值	Ck34	0.04
灾后恢复保障能力（D）	保险分担能力（l）	政策性农业保险投入率分值	Dl35	0.03
		保险保费人均投入分值	Dl36	0.04
	灾后重建能力（m）	灾后经济恢复支持率分值	Dm37	0.02
		灾后恢复建设支持率分值	Dm38	0.02

5.3.2 灾害能力实证评估初步结果

根据整序后的灾害防御能力评价值和权重，计算各省份的综合得分。

$$综合得分_j = \sum_{j=1}^{31} a_{ij} \times 能力评价得分_j \qquad （5.43）$$

其中，$i=1, 2, \cdots, M$，为三级能力指标，$j=1, 2, \cdots, N$，为中国省级单位标号，a_{ij} 为第 j 个省份，第 i 项三级能力指标得分。经过计算，2014—2018 年各省综合得分处于 76~90 之间（表 5.4、5.5）

表 5.4 2014—2018 年气象灾害防御能力实证评估各省份总得分

年份 省份	2014 年	2015 年	2016 年	2017 年	2018 年
北京	83.97	86.95	87.34	88.79	89.81
天津	81.42	83.95	84.14	84.82	84.59
河北	78.10	79.63	79.36	81.73	82.39
山西	79.57	79.98	79.81	80.81	83.12
内蒙古	78.25	78.02	79.05	82.17	82.54
辽宁	78.82	80.33	80.68	81.22	81.19
吉林	78.64	79.07	80.86	81.23	83.67
黑龙江	77.39	78.98	79.04	79.94	79.99
上海	83.78	84.99	85.54	85.40	85.16
江苏	80.97	82.91	81.07	82.92	82.92
浙江	79.69	80.58	81.37	83.42	84.6
安徽	78.70	79.31	79.99	81.86	81.51
福建	79.08	80.93	81.64	84.22	84.89
江西	78.68	77.53	80.51	81.94	81.36
山东	81.20	81.75	82.13	83.79	85.06
河南	80.93	81.11	82.34	82.81	83.78
湖北	79.49	79.63	80.10	82.34	82.25

年份 省份	2014 年	2015 年	2016 年	2017 年	2018 年
湖南	76.07	78.38	80.37	80.75	82.82
广东	80.07	82.47	81.55	81.56	83.38
广西	78.36	79.05	80.22	81.18	81.90
海南	77.68	81.61	80.52	82.39	81.78
重庆	77.87	81.02	81.63	81.74	82.3
四川	77.72	80.46	80.76	80.68	82.56
贵州	78.56	82.27	83.01	82.61	83.71
云南	77.28	77.53	79.74	80.57	81.74
西藏	78.98	77.79	79.32	81.09	80.45
陕西	78.79	79.97	80.37	81.56	83.98
甘肃	79.90	80.35	80.84	80.89	81.94
青海	78.02	79.46	81.39	82.34	83.87
宁夏	81.25	84.16	84.41	84.09	85.02
新疆	78.00	79.53	79.98	83.77	84.15

表 5.5　2015—2018 年气象灾害防御能力实证评估总排名

年份 省份	2014 年	2015 年	2016 年	2017 年	2018 年
北京	1	1	1	1	1
天津	3	4	4	3	7
河北	23	20	28	19	20
山西	11	17	26	27	15
内蒙古	22	28	30	15	19
辽宁	15	16	17	23	29
吉林	19	24	14	22	13
黑龙江	29	26	31	31	31
上海	2	2	2	2	2
江苏	6	5	13	9	16

续表

年份 省份	2014 年	2015 年	2016 年	2017 年	2018 年
浙江	10	13	12	8	6
安徽	17	23	24	17	27
福建	13	12	8	4	5
江西	18	30	19	16	28
山东	5	8	7	6	3
河南	7	10	6	10	11
湖北	12	19	23	13	22
湖南	31	27	20	28	17
广东	8	6	10	20	14
广西	21	25	22	24	24
海南	28	9	18	12	25
重庆	26	11	9	18	21
四川	27	14	16	29	18
贵州	20	7	5	11	12
云南	30	31	27	30	26
西藏	14	29	29	25	30
陕西	16	18	21	21	9
甘肃	9	15	15	26	23
青海	24	22	11	14	10
宁夏	4	3	3	5	4
新疆	25	21	25	7	8

5.3.3　系数调节评估初步结果分析

　　现有灾害防御技术和应急管理水平还无法完全消除灾害的影响。不同区域的灾害发生频率和灾害影响强度存在较大差异。调节后的灾害防御能力综合得分有一定变化（表 5.6），排名也相应发生变化（表 5.7），西藏和青海因地域广、经济密度和人口密度低排名位次上升较多。

我国气象灾害防御能力评估研究与实证分析

表 5.6 调节后的气象灾害防御能力实证评估综合得分

年份 省份	2014 年	2015 年	2016 年	2017 年	2018 年
北京	81.81	84.65	85.05	86.48	87.44
天津	79.28	81.75	81.88	82.55	82.33
河北	76.08	77.58	77.30	79.61	80.25
山西	77.55	77.97	77.80	78.76	81.01
内蒙古	76.33	76.12	77.13	80.16	80.52
辽宁	76.72	78.21	78.55	79.07	79.04
吉林	76.55	76.97	78.73	79.08	81.45
黑龙江	75.31	76.85	76.91	77.79	77.84
上海	81.35	82.74	83.29	83.17	82.94
江苏	78.67	80.56	78.77	80.57	80.57
浙江	77.59	78.46	79.23	81.22	82.37
安徽	76.58	77.18	77.84	79.66	79.32
福建	77.20	79.02	79.70	82.21	82.87
江西	76.67	75.57	78.46	79.85	79.28
山东	78.94	79.47	79.84	81.47	82.70
河南	78.76	78.93	80.13	80.59	81.53
湖北	77.51	77.65	78.11	80.29	80.20
湖南	74.14	76.39	78.33	78.70	80.72
广东	77.88	80.23	79.33	79.33	81.10
广西	76.40	77.07	78.21	79.15	79.85
海南	76.05	79.91	78.85	80.68	80.06
重庆	76.16	79.16	79.78	79.94	80.52
四川	76.03	78.71	79.00	78.93	80.77
贵州	76.96	80.59	81.31	80.92	82.00
云南	76.15	76.41	78.59	79.39	80.55
西藏	79.08	77.91	79.42	81.19	80.55
陕西	77.03	78.19	78.58	79.74	82.10
甘肃	78.36	78.80	79.28	79.33	80.36
青海	76.36	77.78	79.66	80.58	82.08
宁夏	79.03	81.86	82.11	81.80	82.70
新疆	76.17	77.67	78.10	81.80	82.17

164

表 5.7　调节后的气象灾害防御能力实证评估得分排名

年份 省份	2014 年	2015 年	2016 年	2017 年	2018 年	均分排名
北京	1	1	1	1	1	1
上海	2	2	2	2	2	2
天津	3	4	4	3	7	3
宁夏	5	3	3	6	4	4
山东	6	9	7	7	5	5
贵州	16	5	5	10	11	6
福建	14	11	9	4	3	7
河南	7	12	6	12	12	8
江苏	8	6	17	14	18	9
浙江	11	15	14	8	6	10
西藏	4	19	11	9	19	11
广东	10	7	12	23	14	12
青海	22	20	10	13	10	13
甘肃	9	13	13	24	23	14
新疆	24	21	26	5	8	15
陕西	15	17	20	19	9	16
重庆	25	10	8	17	21	17
海南	28	8	16	11	26	18
湖北	13	22	25	15	25	19
四川	29	14	15	28	16	20
山西	12	18	28	29	15	21
吉林	20	26	18	26	13	22
辽宁	17	16	21	27	30	23
云南	26	28	19	22	20	24
河北	27	23	29	21	24	25
广西	21	25	24	25	27	26
安徽	19	24	27	20	28	27
内蒙古	23	30	30	16	22	28
江西	18	31	22	18	29	29
湖南	31	29	23	30	17	30
黑龙江	30	27	31	31	31	31

5.3.4 气象灾害防御能力实证评估综合得分变动分析

大部分省份综合得分呈现稳步上升的态势，排名也比较稳定。但是个别省份排名变化较大。下面对相邻两年名次差异达到 10 名以上的省份进行分析。

（1）2015 年排名变化较大省份

2015 年比 2014 年上升 10 名以上的省份包括贵州、重庆、海南、四川。引发这几个省份排名上升的原因不尽相同，主要原因包括以下几个方面。

首先，应急联动部门信息共享率在 2015 年大幅上升。海南、贵州和重庆的信息共享建设在 2015 年取得了突破，使得灾害防御能力显著提升。

其次，暴雨预警准确率大幅提升。这四个省级单位的暴雨预警准确率在 2015 年均提升 10 分以上。暴雨可以诱发各类地质灾害，2015 年暴雨预警准确率提升后，因灾直接损失减少。直接损失减少使得第 37 项和 38 项指标不同程度增加。

第三，农业自然灾害成灾率下降。该项指标较 2014 年均有不同程度提升。其中，海南省提升幅度最大。

2015 年比 2014 年下降 10 名以上的省份包括江西、西藏。其中，江西排名下降的原因是灾害防御能力中的人工影响天气和人均 GDP 指标下降，以及社会参与水平下降。西藏排名下降的原因是灾害恢复能力下降，即 2015 年西藏的地质灾害较为严重。

（2）2016 年排名变化较大省份

2016 年比 2015 年上升 10 名以上的省份包括江西、青海、吉林。没有剧烈下降的省份。这三个省份排名上升的原因不同，江西与青海有相似之处，吉林与这两个省份不同。

首先，吉林的暴雨预警准确率和政策性农业保险投入率上升幅度较大。吉林的地势由东南向西北倾斜，以中部大黑山为界，可分为东部山地和中西部平原两大地貌区。这种地貌特征，容易造成暴雨灾害准确预报难度高的问题。使得暴雨预报准确率存在不稳定现象。在现有技术条件下，吉林加大政策性农业保险投入，可以稳步提高灾害防御能力。

其次，江西和青海在 2016 年提高应急联动部门信息共享率。使得应急工作的效率迅速提升。

第三，江西在 2016 年制定了新的气象灾害省级预案，并加大气象协理员的建设，使得社会参与水平上升。

（3）2017 年排名变化较大省份

2017 年比 2016 年上升 10 名以上的省份包括新疆、湖北、河北、内蒙古。排名发生教大变化的原因如下。

首先，河北省的水文监测点迅速增加。2016 年，河北省遭受"7·19"特大暴雨洪涝灾害，造成 114 人死亡，111 人失踪。水文监测点迅速增加将提高政府的应急反应速度，为灾前转移争取更多时间。

其次，内蒙古 2017 年的人均 GDP 上升较大，气象预警信息广电媒体覆盖率大幅提升。这两项指标的提升使得因灾损失和灾后恢复等指标有小幅提升。

第三，湖北省 2017 年省级决策气象服务供给数量迅速上升。决策气象服务是政府科学应对灾害的基础，该指标上升同样使得灾后恢复能力指标上升。

第四，新疆 2017 年的预警信息共享和传播能力迅速提升。该指标的提升使得因灾死亡人数下降。

2017 年比 2016 年下降 10 名以上的省份包括广东、甘肃、四川。广东省下降最明显的是政策性农业保险投入率。相对于其他省份，广东省在 2017 年的投入偏低。四川省多项指标低于 2016 年，降低最明显的是人工影响天气方面的投入。甘肃省 2017 年的综合得分高于 2016 年。其排名下降的原因是其他省份的能力建设速度快于甘肃。

（4）2018 年排名变化较大省份

2018 年比 2017 年上升 10 名以上的省份包括吉林、陕西、山西、四川、湖南。2018 年比 2017 年下降 10 名以上的省份包括海南、江西。

2018 年引发排名变化的原因与以前年份有类似之处。上升的主要原因为因灾死亡人数减少。排名下降的原因更多的是灾害治理能力提升缓慢，或者下降造成的。

相邻年度间名次变化较大的省份包括贵州、重庆、海南（上升，下降）、四川（上升，下降）；江西（上升，下降）、青海、吉林；新疆、湖北、河北、内蒙古、吉林、陕西、山西、湖南。其中，均分排名前 10 名的省份，变化较小。

（5）气象灾害防御能力区域性分析

从气象灾害防御能力区域性分析，排前十名的 70% 为东部地区，排后十名的 80% 为中西部地区。如果不考虑灾害调节系数，排后十名的 90% 为中西部地区。考虑到气象灾害造成的相对损失，经过系数调整后，西藏、贵州等省份得分名次位次有前移，广东、江西、湖南、安徽、吉林等省份得分名次位次有后移。

5.4　气象灾害防御能力评估实证结果分析

5.4.1　气象灾害防御能力整体特征

（1）我国省域气象灾害防御能力发展相对均衡

从图 5.3 可以看出，我国绝大多数省份气象灾害防御能力平均综合得分处于 80~82 分之间，这在一定程度上说明，我国各省之间气象灾害防御能力差距不大，发展相对均衡。北京、上海、天津 3 个直辖市灾害防御水平较高，经济发达，灾害综合应对能力较强，得分达到 84 分以上。

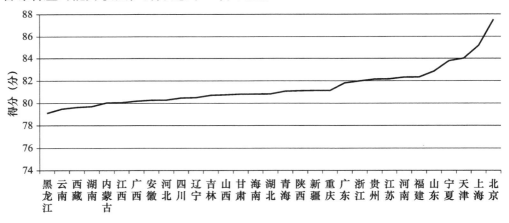

图 5.3　我国各省（区、市）气象灾害防御能力平均综合得分

（2）我国省域气象灾害防御能力整体呈现逐年提高趋势

2018 年各省份综合评分为 83.25，比 2014 年平均值提高近 4 分（图 5.4）。总体来讲，各省级机构的差距呈波动上升态势，2018 年最高分和最低分之间相差 9.9 分。

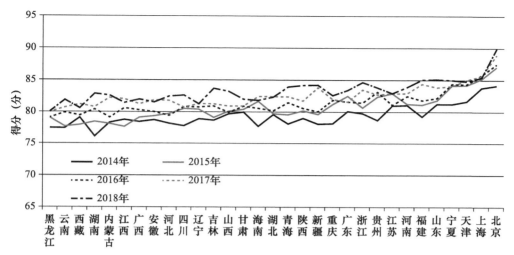

图 5.4　2014—2018 年我国各省（区、市）气象灾害防御能力综合得分

2014—2018 年，绝大部分指标数据呈上升趋势，但是也有一些下降的指标（表 5.8）。比较典型的是防灾技术支撑能力，主要是人工影响天气项三级指标均有所下降。

表 5.8　2014—2018 年三级指标平均得分

一级指标	二级指标	三级指标	均分				
			2014 年	2015 年	2016 年	2017 年	2018 年
灾害防御支撑能力	制度保障能力	省级气象灾害防御法律法规建设力度分值	82.1	82.1	82.1	83.4	84.0
		气象灾害防御规划覆盖率分值	87.9	90.3	91.8	93.2	93.4
		气象灾害应急预案完备率分值	89.0	93.3	93.5	93.7	94.0
		省级气象灾害应急预案适应度分值	79.8	80.5	86.6	91.8	88.9
	技术支撑能力	高炮、火箭保护面积占比分值	76.4	76.1	74.6	75.5	75.5
		可用高炮火箭配置数分值	77.1	76.9	76.7	76.9	76.9
	经济支撑能力	人均生产总值分值	77.1	76.9	76.7	78.1	78.1
		人均基本公共服务支出分值	67.9	68.9	69.5	70.0	70.7
	基础建设能力	每十万人综合减灾示范社区数量分值	62.4	64.9	67.5	70.2	72.8
		农业增收保障面积占农田面积比分值	73.0	73.2	73.3	73.0	73.1
	公众防灾意识	气象知识普及率分值	73.0	77.1	81.7	81.1	82.0

续表

一级指标	二级指标	三级指标	均分				
			2014 年	2015 年	2016 年	2017 年	2018 年
灾害监测预警能力	灾害监测能力	乡镇气象自动观测站配置数分值	80.0	81.5	80.0	80.9	80.9
		闪电定位监测站覆盖率分值	84.5	86.2	86.2	86.2	86.2
		气象雷达覆盖率分值	79.5	80.2	80.3	80.8	80.8
		气象卫星监测覆盖率分值	80.6	80.6	80.6	80.6	80.6
		地质灾害监测点覆盖率分值	75.4	76.2	76.8	76.0	76.0
		水文监测点覆盖率分值	71.2	72.3	70.8	72.4	72.4
	灾害预报预警能力	气象灾害预警信号准确率分值	90.8	90.8	90.8	90.8	90.8
		24 小时晴雨预报准确率分值	86.7	85.7	88.2	88.1	88.0
		暴雨预警准确率分值	75.0	82.3	83.7	85.6	86.6
		强对流天气预警相对提前量分值	82.1	82.7	84.5	84.4	84.2
		地质灾害预警准确率分值	87.0	86.0	88.4	88.4	88.2
	预警信息共享能力	省级决策气象服务供给数量分值	82.6	83.0	83.2	84.5	84.1
		县市级决策气象服务平均供给数量分值	88.4	89.3	89.4	90.1	90.7
		气象预警信息村与社区单元覆盖率分值	93.6	93.5	93.5	94.7	95.0
		气象预警信息广电媒体覆盖率分值	91.5	90.7	90.8	92.7	93.6
		气象预警信息社会机构覆盖率分值	81.0	82.9	84.9	88.5	88.5
应急处置与救援能力	应急救援基础	应急联动部门信息共享率分值	77.7	83.0	85.1	87.4	90.2
		地方财政人均医疗卫生支出分值	66.2	67.6	68.3	69.8	71.0
		每万人医疗机构床位数分值	74.5	76.7	78.5	81.7	84.2
	社会参与水平	村（社区）气象信息员配置率分值	88.4	91.8	91.9	92.2	92.6
		乡镇（街道）气象协理员配置率分值	91.4	92.5	92.5	92.7	92.1

续表

一级指标	二级指标	三级指标	均分				
			2014 年	2015 年	2016 年	2017 年	2018 年
应急处置与救援能力	灾害损失状态	农业自然灾害成灾率分值	84.3	87.5	85.5	89.3	88.2
		每百万人自然灾害死亡人数分值	80.3	80.2	76.5	81.0	84.3
灾后恢复保障能力	保险分担能力	政策性农业保险投入率分值	72.1	74.2	74.7	72.1	74.2
		保险保费人均投入分值	66.7	67.5	68.8	69.9	70.5
	灾后重建能力	灾后经济恢复支持率分值	87.5	89.2	86.9	90.6	91.5
		灾后恢复建设支持率分值	91.9	92.2	91.8	92.7	92.5

5.4.2　气象灾害防御能力综合得分省域差异分析

平均综合得分前十名的是北京、上海、天津、宁夏、山东、福建、河南、江苏、贵州、浙江。后十名是黑龙江、云南、西藏、湖南、内蒙古、江西、广西、安徽、河北、四川。后十名的省级机构共同的特征是内陆省份。以前十名和后十名为样本，分别分析这两类省级机构灾害防御能力的异同。统计结果显示，部分指标不同类型省份之间差异较大（表 5.9）。

表 5.9　不同省级机构的差异

一级指标	二级指标	三级指标	整体均分	前十均分	后十均分
灾害防御能力	制度保障能力	省级气象灾害防御法律法规建设力度分值	82.7	80.4	83.4
		气象灾害防御规划覆盖率分值	91.3	92.9	89.8
		气象灾害应急预案完备率分值	92.7	94.1	91.6
		省级气象灾害应急预案适应度分值	85.5	88.4	85.2
	技术支撑能力	高炮、火箭保护面积占比分值	75.6	74.4	75.2
		可用高炮火箭配置数分值	76.9	76.5	76.3
	经济支撑能力	人均生产总值分值	77.4	76.5	77.4
		人均基本公共服务支出分值	69.4	70.3	69.2
	基础建设能力	每十万人综合减灾示范社区数量分值	67.6	68.8	65.7
		农业增收保障面积占农田面积比分值	73.1	78.6	72.5
	公众防灾意识	气象知识普及率分值	79.0	80.4	77.8

一级指标	二级指标	三级指标	整体均分	前十均分	后十均分
灾害监测预警能力	灾害监测能力	乡镇气象自动观测站配置数分值	80.7	82.4	80.2
		闪电定位监测站覆盖率分值	85.9	92.2	80.6
		气象雷达覆盖率分值	80.3	89.4	74.4
		气象卫星监测覆盖率分值	80.6	84.4	72.9
		地质灾害监测点覆盖率分值	76.1	80.0	74.8
		水文监测点覆盖率分值	71.8	74.8	68.7
	灾害预报预警能力	气象灾害预警信号准确率分值	90.8	89.6	91.6
		24小时晴雨预报准确率分值	87.3	89.0	85.5
		暴雨预警准确率分值	82.6	82.5	81.5
		强对流天气预警相对提前量分值	83.6	83.9	81.8
		地质灾害预警准确率分值	87.6	89.4	85.6
	预警信息共享能力	省级决策气象服务供给数量分值	83.5	86.3	82.3
		县市级决策气象服务平均供给数量分值	89.6	91.8	86.5
		气象预警信息村与社区单元覆盖率分值	94.1	95.0	93.5
		气象预警信息广电媒体覆盖率分值	91.9	92.4	90.3
		气象预警信息社会机构覆盖率分值	85.2	85.2	84.7
应急处置与救援能力	应急救援基础	应急联动部门信息共享率分值	84.7	84.6	83.8
		地方财政人均医疗卫生支出分值	68.6	69.3	68.2
		每万人医疗机构床位数分值	79.1	77.1	78.1
	社会参与水平	村（社区）气象信息员配置率分值	91.4	94.3	87.1
		乡镇（街道）气象协理员配置率分值	92.2	93.3	92.1
	灾害损失状态	农业自然灾害成灾率分值	87.0	89.2	86.8
		每百万人自然灾害死亡人数分值	80.5	86.3	76.1
灾后恢复保障能力	保险分担能力	政策性农业保险投入率分值	73.5	77.8	69.8
		保险保费人均投入分值	68.7	71.7	66.2
	灾后重建能力	灾后经济恢复支持率分值	89.1	90.3	88.2
		灾后恢复建设支持率分值	92.3	93.4	91.7

在技术支撑能力方面，前十省份和后十省份的人工增雨和人工消雹水平差异较小。经过多年发展，我国很多气象灾害的有效预警时间不断增加，应急处置的措施更加得当，使得灾害损失逐步减少。很多台风灾害已经实现零死亡。

在经济支撑能力方面，1994 年我国开始实施分税制财政管理体制，极大地促进了区域间基本公共服务均等化的发展。该项指标显示，排名前十和后十的省份防灾建设经济能力相近。

在灾害监测能力方面，排名前十的省份监测能力更强。每一项三级指标得分均高于排名后十的省份。监测能力是快速获取灾害发展信息的关键，也是快速做出应对决策的关键。

在灾害预报预警能力方面，总体上，排名前十的省份灾害预警能力更强，但气象预警信号准确率指标略低于排名后十的省份。

在预警信息共享能力方面，排名前十的省份预警信息共享能力三级指标得分更高。说明这些省份可以更快地传递信息，使得灾害应对相关部门有更长的准备、决策时间。

在应急救援基础方面，受到基本公共服务均等化政策的影响，各省级机构应急救援基础的均分差异较小。具体到每一个省份，存在一定差异。

在社会参与水平方面，排名前十的省份社会参与水平更高。社会参与是防灾、抗灾、救灾的关键力量。社会广泛参与可以减少灾前动员成本，提高灾害应对效率。

在灾害损失状态方面，排名前十的省份灾害损失较小，分值较高。在排名前十的省份中，有台风灾害多发地区，也有暴雨洪涝灾害多发区，这些省级机构应对效果更好。

在保险分担能力方面，排名前十的省份保险分担能力三级指标明显优于排名后十的省份。从整体统计数据可知，保险分担水平不完全与 GDP 相关。购买保险的行为与政府和公民对气象灾害的感知相关。

在灾后重建能力方面，排名前十的省份灾后重建能力更强。这使得灾害对经济、社会的冲击更小，时间更短，有利于经济的恢复发展。

参考文献

国家统计局，2014. 中国统计年鉴 2014[M]. 北京：中国统计出版社，2014.

国家统计局，2015. 中国统计年鉴 2015[M]. 北京：中国统计出版社，2015.

国家统计局，2016. 中国统计年鉴 2016[M]. 北京：中国统计出版社，2016.

国家统计局，2017. 中国统计年鉴 2017[M]. 北京：中国统计出版社，2017.

国家统计局，2018. 中国统计年鉴 2018[M]. 北京：中国统计出版社，2018.

中华人民共和国国土资源部，2014. 中国国土资源年鉴 2014[M]. 北京：地质出版社.

中华人民共和国国土资源部，2015. 中国国土资源年鉴 2015[M]. 北京：地质出版社.

中华人民共和国国土资源部，2016. 中国国土资源年鉴 2016[M]. 北京：地质出版社.

中华人民共和国国土资源部，2017. 中国国土资源年鉴 2017[M]. 北京：地质出版社.

中华人民共和国国土资源部，2018. 中国国土资源年鉴 2018[M]. 北京：地质出版社.

中华人民共和国民政部，2018. 民政部国 家减灾办发布 2017 年全国自然灾害基本情
　况 [EB/OL].(2018-02-01)[2018-04-04].http://www.mca.gov.cn/article/xw/mzyw/201802/
　20180215007709.shtml.

中华人民共和国水利部，2014. 中国水利年鉴 2014[M]. 北京：中国水利水电出版社.

中华人民共和国水利部，2015. 中国水利年鉴 2015[M]. 北京：中国水利水电出版社.

中华人民共和国水利部，2016. 中国水利年鉴 2016[M]. 北京：中国水利水电出版社.

中华人民共和国水利部，2017. 中国水利年鉴 2017[M]. 北京：中国水利水电出版社.

中华人民共和国水利部，2018. 中国水利年鉴 2018[M]. 北京：中国水利水电出版社.

第 6 章
新时代气象灾害防御能力建设

　　中国发展已经进入新时代，国家对气象灾害防御能力建设提出了新要求，人民群众对避免和降低气象灾害对生命安全、生产发展的影响寄予了新期待。新时代气象灾害防御能力建设如何更有效地落实国家新要求、回应人民群众新期待，需要有更深入的研究，采取更有效的对策。

6.1 气象灾害防御能力建设时代特征

6.1.1 新时代气象灾害防御能力建设的地位

　　天气气候影响着自然生态系统和社会系统的过去、现在和未来，是发展之基、生命之要、生态之源。当今时代，全球不同地区都不同程度地面临着天气气候与气象灾害给经济社会发展和人类安全带来的挑战。同气象灾害作斗争是人类生存发展的永恒课题。在我国，进入新时代后，气象灾害防御能力建设更具有特殊的地位。

　　首先，气象监测预报预警在气象防灾减灾中处于第一道防线的地位。习近平总书记把保障生命安全位列气象工作战略定位之首，充分体现了气象防灾减灾是国家综合防灾减灾救灾不可或缺的重要力量。气象灾害防御要实现从注重灾后救助向注重灾前预防转变，就需要更加重视气象监测预报预警能力建设。一方面，气象灾害监测预报预警是防灾减灾链"测、报、防、抗、救、援、建"中的重要环节，在综合防灾减灾特别是灾前预防中具有基础性和先导性作用；另一方面，气象灾害的关联性和灾害链特征明显，气象灾害监测预报预警是综合防灾减灾，特别是许多次生和衍生灾害灾前预防的"消息树"。做好综合防灾减灾工作，迫切需要建立健全科学精准的气象监测预报预警体系，守住综合防灾减灾的第一道防线，充分发挥气象监测预报预警在综合防灾减灾中的先导性作用。气象部门要把握这一战略重点，就必须充分发挥气象监测预报预警在综合防灾减灾中的"消息树"作用和在灾害风险管理中的支撑作用，发挥气象服务在应急救援中的基础保障作用，发挥气象部门在突发事件预警发布中的综合枢纽作用。气象部门要主动融入国家自然灾害防治体系建设，着力构建气象灾害监测预报预警、预警信息发布、风险防范、灾害应急管理四大体系，全面提升气象灾害防御能力，建立健全部门联动、高效协同的气象灾害防御工作机制，为各级党委、政府防灾减灾救灾和人民群众避灾赢得先机。

其次，气象防灾减灾能力建设是促进经济社会发展至关重要的基础支撑。我国是世界上自然灾害最为严重的国家之一，灾害种类多，分布地域广，发生频率高，造成损失重。在我国各类自然灾害中，气象灾害占 71% 左右，直接影响我国经济社会发展。新时代，国家西部开发、东北振兴、中部崛起、东部率先等区域发展战略的继续实施，"一带一路"倡议、京津冀协同发展、长江经济带发展三大战略的大力推进，京津冀、长三角、粤港澳大湾区的优化发展，雄安新区千年大计的规划实施，无不面临着重大气象灾害频发重发的严峻挑战。气象防灾减灾始终是事关党和国家工作全局、经济社会发展大局和国家安全战略格局的一项重要战略任务。正确处理防灾减灾救灾和经济社会发展的关系，最大限度地减轻气象灾害对经济社会可持续发展的巨大破坏力、影响力，离不开气象监测预报的准确性、灾害预警的时效性、气象服务的主动性、防范应对的科学性。因此，迫切需要有力发挥气象防灾减灾对促进经济社会持续健康发展不可替代的基础支撑作用。

第三，气象防灾减灾能力建设是生态文明建设不可分割的基础条件。气象灾害种类多、强度大、频率高、关联强。台风、暴雨（雪）、雷电、干旱、大风、冰雹、大雾、霾、沙尘暴、高温热浪、低温冻害等气象灾害引发的地质灾害、农业灾害、海洋灾害、生物灾害、森林草原火灾等衍生气象灾害，不仅影响着经济社会发展，而且影响着人与自然和谐共生，影响着山水林田湖生态保障和修复，影响着绿色富国、美丽中国建设，影响着生态环境安全、水资源安全、环境安全。气象防灾减灾始终是事关人与自然和谐共生、生态安全屏障、美丽中国建设的一项重要战略举措。面对我国资源约束趋紧、环境污染严重、生态系统退化的严峻形势，树立尊重自然、顺应自然、保护自然的生态文明理念，正确处理人和自然的关系，促进人与自然和谐共生、筑牢生态安全屏障、努力建设美丽中国、实现中华民族永续发展，迫切需要强化气象防灾减灾的责任担当，有力发挥气象防灾减灾对生态文明建设不可分割的基础保障作用，有度有序开发利用天气气候资源，有力有节防范应对气象灾害。

第四，气象防灾减灾能力建设是人民生命财产安全不可或缺的基础保障。我国 70% 以上城市、50% 以上人口分布在自然灾害严重地区。重大气象灾害的频发重发，不仅直接影响着经济社会的发展、生态文明建设，而且时刻威胁着人民群众的生命财产安全。近 10 年，全国平均每年因气象灾害死亡 1500 人左右。气象防灾减灾始终是事关人民群众生命财产安全的一项重要历史责任。全面提升全社会抵御自然灾害的综合防范能力，最大程度减少人员伤亡，迫切需要气象防灾减灾工作担当历史责任，把保障人民群众生命安全、促进社会和谐稳定放在高于一切、重于一切的位置，不断满足广大人民群众对气象防灾减灾日益增长的服务需求。

第五，气象防灾减灾能力建设是国家综合防灾减灾不可替代的基础力量。气象灾害监测预报预警是防灾减灾链"测、报、防、抗、救、援、建"中的重要环节，在国家综合防灾减灾中具有基础性和先导性作用；气象灾害的关联性和灾害链特征明显，是地质灾害、森林草原火灾、海洋灾害等衍生、次生灾害的触发器，具有可加重和放大灾害的危险性、复杂性、异常性效应，气象灾害监测预报预警是国家综合防灾减灾的"消息树"和"发令枪"；各类自然灾害的"防、抗、救、援、建"与气象条件密切相关，气象灾害监测预报预警是科学应对各种自然灾害的重要力量。气象防灾减灾始终是把握综合防灾减灾主动权、全面提升全社会抵御自然灾害综合防范能力的根本保障。统筹灾害管理、注重灾前预防、注重综合减灾、注重减轻灾害风险，迫切需要下大力气加快推进气象防灾减灾体系和防灾减灾能力现代化建设，着力强化气象防灾减灾在国家综合防灾减灾中的职能、作用和地位。

总之，在新时代，从保障人民群众生命财产安全意义上讲，气象灾害防御中的监测预报先导地位、灾害预警发布枢纽地位、灾害风险管理支撑地位、精准信息应急救援保障地位，决定了必须加强气象灾害防御能力建设，以充分发挥气象在监测预警、科学决策、因灾施策、应急保障、抢险救援、医疗防疫、恢复重建、社会动员等方面的基础性、先导性作用。

6.1.2 新时代气象灾害防御能力建设面临的挑战

无论经济社会如何发达，均难以杜绝重大气象灾害的发生。全面建设社会主义现代化强国，增进人民幸福安康、社会和谐稳定和国家长治久安，需要把气象防灾减灾作为一件大事，摆在更加突出的位置，以应对气象灾害防御面临的挑战。

首先，全面建设社会主义现代化强国对气象灾害防御提出了更高要求。全面建设社会主义现代化强国对气象灾害防御的针对性、及时性和有效性提出了更高要求。科学防灾和最大限度地减少灾害造成的人员伤亡和经济损失，最大限度地减轻防灾的经济成本和社会负担，就是气象灾害防御领域要实现的现代化目标。

其次，全球气候变暖和极端天气气候事件发生频率升高增加了防灾带来的不确定性。一方面，流域性特大洪涝、区域性严重干旱、高温热浪、极端低温、特大雪灾和冰冻等灾害出现的可能性增大；另一方面，受全球气候变暖、污染物排放和城市规模建设的影响，大气气溶胶含量增加，雾、霾，以及酸雨、光化学烟雾等事件也呈增多增强趋势，对气象灾害防御形成新的挑战。

气象防灾减灾的历史责任越来越重大。受全球气候变暖影响，我国各类气象灾害更为频繁，极端天气气候事件更显异常，造成的损失和影响更趋严重。1998年长江流域特大洪水、2006年川渝特大干旱、2008年南方罕见低温雨雪冰冻、2010年甘肃舟曲特大山洪泥石流等重大气象灾害所造成的巨大破坏力一再带来警示。极端气象灾害频繁始终是中国发展的心腹大患，是防灾减灾不得不应对的重大挑战。随着经济社会的发展，工业化、城镇化进程的加快，气象灾害防范应对的问题更趋复杂化，已不仅仅是一种自然或社会现象，更是涉及人与自然、经济增长与生态文明、国家治理与民生诉求等重大关系的综合性问题。面对极端天气气候灾害多发易发频发重发和防范应对日益复杂化的严峻形势，气象防灾减灾的历史责任会越来越重大。

第三，气象灾害对我国经济快速发展和安全运行构成的威胁不断加重。气象灾害对农业、林业、水利、环境、能源、交通运输、电力、通信等高敏感行业的影响越来越大，造成的损失越来越重，严重威胁着这些经济行业的安全运行。同时，气象灾害、气候变化及其伴生的水资源短缺、土地荒漠化、大气环境变差等问题都给经济社会发展和人民生命财产安全带来更加严重的影响。

第四，全球气象灾害治理越来越需要中国智慧和中国贡献。据统计，最近30

年，全球 86% 的重大自然灾害、59% 的因灾死亡、84% 的经济损失和 91% 的保险损失都是由气象灾害及其衍生灾害引起的。极端气象灾害频繁发生，不仅造成巨大的生命和财产损失，带来大宗商品价格上涨，放大金融市场波动，加剧大国之间竞争，更对全球和地区社会稳定、民生安全构成严峻威胁和挑战。气象防灾减灾已成为全人类的共同任务，对重大气象灾害问题的治理，实际上考验着各国政府治国理政的能力。中国正从世界大国向世界强国迈进。全球气象灾害的防范、应对和治理，越来越需要中国方案、中国行动、中国智慧和中国贡献，越来越需要中国承担起气象大国对整个人类社会重大气象灾害防范应对的重要责任。同时，中国作为世界第二大经济体和世界第一大货物贸易国，海外投资在全球范围内急剧增加，诸多领域的海外基地不断增加。保障海外投资、基地等重大设施建设、运行安全，避免或减少重大气象灾害对其造成的损失，进一步保障中国"走出去"战略顺利实施，需要切实提升全球气象防灾减灾的中国影响力。

近年来，在党中央、国务院的坚强领导下，我国气象防灾减灾工作取得重大成就，积累了应对重特大气象灾害和衍生气象灾害的宝贵经验，为稳固经济社会发展全局和保持宏观大局稳定发挥了至关重要的作用。但是，我国面临的气象灾害形势仍然复杂严峻，气象防灾减灾仍然存在一些突出的问题。

一是气象防灾减灾能力与从注重灾后救助向注重灾前预防转变、从减轻灾害损失向减轻灾害风险转变的要求不相适应。对气象灾害的孕育、发展和影响规律和机理的认识不足，灾害监测预报的准确性、灾害预警的时效性、减灾服务的主动性、防范应对的科学性还不够高，特别是气象灾害风险管理能力不够强仍然是气象防灾减灾的主要瓶颈。

二是气象防灾减灾统筹协调机制与从应对单一灾种向综合减灾转变的要求不相适应。灾害信息共享和防灾减灾资源统筹不足，高质量协同防灾减灾的格局还尚未完全形成，特别是行业分割、城乡分割、区域分割、地方分割、灾种分割的体制性缺陷，仍然在一定程度上影响和制约着气象防灾减灾的成效。

三是气象防灾减灾长效保障机制与分级负责、属地管理为主的要求不相适应。气象防灾减灾事权划分和支出责任还不完全匹配，气象防灾减灾机构建设、队伍建设、经费投入、政策保障等长效机制建设还有待加强。

四是城乡基层抵御气象灾害的能力与国家全面提升综合减灾能力的要求不相适应。高风险的城市、不设防的农村防灾状况有待从根本上改变，城乡基层以及重点区域气象灾害防御水平不够高、体系不够健全仍然是气象防灾减灾的明显短板。

五是社会力量参与的作用和充分发挥与政府主导、社会参与的要求不相适应。公众的气象灾害风险意识依然淡薄，但对安全的期望持续上升，社会力量与机制的作用尚未得到充分发挥仍然是气象防灾减灾的薄弱环节。

主要问题和差距交织在一起，短期面临的压力和长期面临的挑战叠加在一起，将使我国气象防灾减灾面临的形势更加严峻、责任更加重大、任务更加艰巨。下决心改革创新气象防灾减灾体制机制、全面提升全社会抵御气象灾害的综合防范应对能力已成当务之急。

6.1.3 新时代气象灾害防御能力建设的主要特征

中国特色社会主义进入新时代，我国经济社会进入了一个新的发展阶段，党和国家对气象灾害防御提出了新要求。党的十九大报告指出，要健全公共安全体系，提升防灾减灾救灾能力；实施乡村振兴战略和区域协调发展战略；坚守底线、突出重点、完善制度、引导预期，完善公共服务体系，使人民获得感、幸福感、安全感更加充实、更有保障、更可持续。党的十九大报告充分体现了习近平总书记关于新时代中国特色社会主义防灾减灾救灾工作的战略思想。为此，中共中央、国务院印发《关于推进防灾减灾救灾体制机制改革的意见》，充分显示了气象灾害防御能力建设的新时代特征。

首先，气象灾害防御更加突出服务的人民性。防灾减灾救灾事关人民生命财产安全，事关社会和谐稳定，是衡量执政党领导力、检验政府执行力、评判国家动员力、彰显民族凝聚力的一个重要方面。"两个事关、四个力"的重要论断，将防灾减灾救灾工作的重要性提到前所未有的新高度。气象工作关系生命安全、生产发展、生活富裕、生态良好，做好气象工作意义重大、责任重大。全心全意为人民服务是气象灾害防御工作的根本宗旨，是气象灾害防御能力建设的初心和使命。过去气象灾害防御能力建设之所以能取得重大发展和进步，就是认真践行了这个根本宗旨，践行了以人民为中心的气象灾害防御思想，把保障人民生命安全作为气象灾害防御能力建设之要。新时代，在更高起点、更高层次、更高目标上推进气象灾害防御能力建设，必须牢牢把握坚持以人民为中心思想的时代特征，把确保人民群众生命安全和不断满足人民群众美好生活的气象需求作为奋斗目标，通过推进气象灾害防御能力建设，让人民群众远离气象灾害风险威胁，使人民群众有更多、更直接、更实在的获得感、幸福感、安全感。

其次，气象灾害防御更加突出政治的责任性。新时代气象灾害防御提出必须坚持"五项原则"，包括坚持以人为本，切实保障人民群众生命财产安全；坚持以防为主、防抗救相结合；坚持综合减灾，统筹抵御各种自然灾害；坚持分级负责、属地管理为主；坚持党委领导、政府主导、社会力量和市场机制广泛参与。明确提出新时代的气象灾害防御已经成为党的政治责任、政府的政治责任、社会的政治责任。要依据气象灾害防御法律法规的要求，全面推进不同责任主体的政治责任，作为党的政治责任和政府的政治责任，应当建立健全气象防灾减灾长效保障机制，全面落实分级负责、属地管理为主的政治责任要求，尤其应明确气象防灾减灾事权划分和支出责任，在气象防灾减灾机构建设、队伍建设、经费投入、政策保障和日常考核管理等方面建立长效机制。要落实社会政治责任，所有社会主体都有承担气象灾害防御，保障人民群众生命安全的义务和责任，要督促所有社会组织依法落实气象灾害防御的法律责任。要加强社会公众对气象灾害风险的防范意识，鼓励社会公众自觉承担相应的气象灾害防御责任和义务。

第三，气象灾害防御更加突出应对的综合性。新时代气象灾害防御必须统筹"四个关系"，即涉灾部门之间的关系、中央和地方的关系、政府和社会力量的关系、政府和市场的关系。综合性防御已经成为新时代气象灾害防御最重要的特征。一是灾前灾中灾后全程防御的综合性。相应气象灾害防御能力建设体现在防灾的每一个环节，工程性防御和非工程性防御能力建设综合设计、综合建设、综合投入气象灾害防御业务运行，以适应从注重灾后救助向更加注重灾前预防转变、从减轻灾害损失向更加重视减轻灾害风险转变的时代要求。二是不同灾害种类防御的综合性。改变因灾种不同而分散管理、分散防御的体制机制，气象灾害防御能力建设必须统筹考虑各种气象灾害发生的可能性，以适应气象防灾减灾从应对单一灾种向综合减灾转变的时代要求。三是气象灾害防御管理的综合性。彻底改变气象灾害防御管理因部门分割、行业分割、城乡分割、区域分割、地方分割的体制状况，建立统筹协调、运行有效的气象灾害防御管理体制，以适应提升城乡基层抵御气象灾害的能力与国家全面提升综合减灾能力保持一致性的时代要求，从根本上改变高风险的城市、不设防的农村的灾害防御状况，尤其需要重点提升城乡基层以及重点区域的气象灾害防御水平、健全灾防体系。

第四，气象灾害防御更加突出决策的科学性。我国是世界上自然灾害最为严重的国家之一，灾害种类多，分布地域广，发生频率高，造成损失重，国家已经提出要牢固树立灾害风险管理和综合减灾理念。将灾害风险管理和综合减灾上升到国家治理理念的新高度，这为更好地推动气象灾害防御能力建设指明了方向。因此，科学防御气象灾害必须做到"两个坚持、三个转变"。

进入新时代，随着现代科学技术的发展，气象灾害防御已经不再是盲目性防御，也不再是不计成本的防御，更不是发生重大灾害损失把责任完全推给"老天爷"，而是要科学防御、精准施策，以适应气象灾害监测精密、预报精准、服务精细的时代要求。现代气象灾害防御直接关系到人民生命财产安全，既是重大政治问题，也是应用现代高科技成果的重大决策问题，现代气象科学技术已经筑起了气象防灾减灾第一道防线。防灾抗灾决策如果离开了气象科学的参与，就可能导致瞎指挥，要么造成更大的人力物力浪费，要么造成更大的人员和经济损失。现代气象灾害监测预报预警的发展，已经成为气象灾害从预防到科学抗救的重要途径，是实现积极预防、积极抗救、科学抗救和最佳抗救的现代科学手段。现代气象科学技术的发展，对气象灾害的发生和发展可以做到越来越精细的预测，比较准确的预测时效可达 3~5 天，甚至可达 7~10 天。在这样的时间内，组织实施各种气象防灾救灾措施，避免气象灾害造成特大或重大人员伤亡和经济损失是完全可能的。科学利用气象预报预警，基本可以做到发生什么样的气象灾害就组织什么样的预防与抗救，什么时候发生就什么时候组织抗救，在什么范围发生就在什么范围组织抗救，预计有多大强度就组织什么样的力量抗救，从而最大程度地避免防御和抗救气象灾害的盲目性和被动性。

6.2　新时代气象灾害防御能力建设主要思路

6.2.1　新时代自然灾害防御能力建设总体思路

进入新时代，习近平总书记强调，推进防灾减灾救灾，要坚持以防为主、防抗救相结合，坚持常态减灾与非常态减灾相统一；努力实现从注重灾后救助向注重灾前预防转变，从应对单一灾种向综合减灾转变，从减少灾害损失向减轻灾害风险转变，全面提升全社会抵御自然灾害的综合防范能力。气象防灾减灾工作是一项长期艰巨的历史任务。加强新时代气象防灾减灾工作，应按照习近平总书记的要求，坚持以人民为中心的发展思想，坚持以促进经济社会发展、保障人民群众生命财产安全为出发点和落脚点，着力构建气象防灾减灾体系，完善气象防灾减灾救灾体制机制，切实提高气象防灾减灾救灾工作法治化、规范化、现代化水平，全面提升全社会抵御气象灾害综合防范能力，为全面建成社会主义现代化强国提供坚实的气象保障。

加强气象防灾减灾，需要正确处理人和自然的关系，正确处理气象防灾减灾救灾和经济社会发展的关系，确立安全第一、趋利避害、主动防范、预防优先的气象防灾减灾理念，根据中共中央、国务院《关于推进防灾减灾救灾体制机制改革的意见》，气象灾害防御能力建设应当遵行如下主要思路。

——坚持以人为本，切实保障人民群众生命财产安全。牢固树立以人为本理念，把确保人民群众生命安全放在首位，保障受灾群众基本生活，增强全民防灾减灾意识，提升公众知识普及和自救互救技能，切实减少人员伤亡和财产损失。对气象灾害防御来讲，就是要践行以人为本理念，切实把确保人民群众生命安全放在首位，不断提升全民气象灾害风险意识、灾害风险管理水平、公众知识普及和自救互救技能，增强全民防灾减灾意识，增强全民主动防范应对能力，充分调动各方面的积极性、主动性和创造性，最大限度减少人员伤亡和财产损失。

——坚持以防为主、防抗救相结合。高度重视减轻灾害风险，切实采取综合防范措施，将常态减灾作为基础性工作，坚持防灾抗灾救灾过程有机统一，前后衔接，未雨绸缪，常抓不懈，增强全社会抵御和应对灾害能力。对气象灾害防御来讲，就是要坚持防灾减灾救灾过程有机统一，高度重视减轻灾害风险，提高灾害预报预警的准确率、时效性和覆盖面，发挥气象灾害监测、预报、预警的气象防灾主体和优势作用，强化灾害监测预警、灾害应急、恢复重建等各个关键阶段的气象保障作用。

——坚持综合减灾，统筹抵御各种自然灾害。认真研究全球气候变化背景下灾害孕育、发生和演变特点，充分认识自然灾害的突发性、异常性和复杂性，准确把握灾害衍生次生规律，综合运用各类资源和多种手段，强化统筹协调，科学应对各种自然灾害。对气象灾害防御来讲，必须坚持统一规划，统筹协调，综合采取防御措施，特别应统筹谋划城市、农村、海洋、重点区域重大气象灾害防范应对工作，不断完善气象灾害防御体系。

——坚持党委领导、政府主导、社会力量和市场机制广泛参与。充分发挥我国的政治优势和社会主义制度优势，坚持各级党委和政府在防灾减灾救灾工作中的领导和主导地位，发挥组织领导、统筹协调、提供保障等重要作用。更加注重组织动员社会力量广泛参与，建立完善灾害保险制度，加强政府与社会力量、市场机制的协同配合，形成工作合力。对气象灾害防御来讲，还需要进一步完善这方面的机制。

中共中央、国务院《关于推进防灾减灾救灾体制机制改革的意见》从健全统筹协调体制、健全属地管理体制、完善社会力量和市场参与机制、全面提升综合减灾能力四个方面对推进防灾减灾救灾体制机制改革进行了全面部署，为新时代气象灾害综合防御能力和分领域防御能力建设提供了根本依据。

6.2.2 新时代气象部门提升灾害防御服务能力主要举措

根据中央关于推进防灾减灾救灾体制机制改革的重大部署，气象部门对涉及气象领域的气象灾害防御能力建设任务，进行了以下重点部署[1]。

（1）建设气象灾害监测预报预警体系

——建设立体化全覆盖的监测网络，建成由地基、空基、天基观测系统组成的多尺度、无缝隙、全覆盖的气象灾害综合监测网；丰富观测手段，充实观测项目，增加台站密度，重点提高气象灾害高发区和易发区、西部地区、资料稀疏区和国家重要基础设施沿线气象灾害监测能力，提高对"21世纪海上丝绸之路"沿线海域气象灾害监测能力，提高气象灾害高敏感行业的气象灾害监测能力；建立遥感应用体系，综合运用多源观测数据，形成三维监测产品，支撑精准化气象灾害预报预警。

——发展无缝隙智能化的网格预报，建立从分钟到年的无缝隙精细化气象预报业务，以"强化两端、提升中间"为重点，强化短时临近预报预警和延伸期（11~30天）到月、季气候预测，提升灾害性天气中短期预报能力；发展高分辨率天气气候业务模式，构建以数值模式为基础、以资料同化应用技术和数值预报解释应用技术为支撑的客观化精准化预报技术体系；依靠人工智能、大数据挖掘等新技术，大力发展基于位置的全球格点化天气预报技术，实现站点预报向格点／站点／落区一体化预报转变，开展精细到县的全国月、季、年定量预测，实现月预测逐旬、季节预测逐月滚动更新；面向业务和服务需求，构建敏捷响应需求、时间空间可调、云计算技术充分利用的智能预报系统。

---

① 主要参考《中国气象局关于加强气象防灾减灾救灾工作的意见》，并有简略。

——发展基于影响的预报预警。建立致灾临界阈值指标体系，研发基于精细化气象预报和致灾临界气象条件的高分辨率、定量化影响预报与风险预警模型和技术；开展基于灾害性天气的影响预报和基于各类气象灾害的风险预警业务，重点加强基于致灾阈值的中小河流洪水、山洪地质灾害风险预警以及城市内涝气象风险预警业务能力建设；发展基于影响的专业气象预报业务，提供满足行业影响分析的基础数据服务，重点发展支撑航空气象、海洋气象灾害、海陆交通运输以及气候灾害风险评估等领域的分析预报预警产品。

　　——发展面向决策的精准化智慧气象服务。基于大数据分析技术和精准化灾害性天气预报预警产品，重点从极端天气气候事件对基础设施、能源供应、航运交通、人民生命财产安全等生命线安全运行影响和防灾减灾安排调度着手，完善气象灾害风险数据库，制作重大气象灾害风险地图，完善气象灾害决策指挥支撑平台，为决策者应对突发事件提供数据和技术支持，提升气象防灾减灾风险预警能力。

　　——提高面向全球的气象防灾减灾能力。将现有的中国精细化网格预报、气候预测和专业气象产品逐渐向全球陆地和海洋区域拓展，形成从分钟、小时到年的无缝隙、全覆盖的气象预报业务产品体系；积极推进世界气象中心（北京）、亚洲沙尘暴预报专业气象中心、区域台风预报中心等国际气象业务中心建设。积极参与全球气象预警系统（GMAS）的亚洲区域预警系统建设。围绕"一带一路"建设，推进"中国—中亚、中国—东南亚极端天气联合监测预警合作及海洋气象联合观测"任务。开展中亚气象能力提升试点建设。积极推进南海台风监测预警平台建设。完善参与联合国框架下的防灾减灾合作机制。

　　（2）建设突发事件预警信息发布体系

　　——完善突发事件预警信息发布系统。建设突发事件预警信息发布开放式平台框架，为各涉灾部门提供适应自身需求的突发预警信息发布平台，实现预警信息第一时间精准直达政府决策者、部门应急责任人、企事业负责人和社会公众；建设突发事件预警大数据，发展基于大数据的突发事件综合风险分析与预警决策系统，为各涉灾部门灾害管理提供数据分析服务；加强新技术、新媒体在预警信息发布中的应用，提高预警信息发布核心技术能力。

　　——健全突发事件预警信息发布机制。健全国家预警信息发布中心运行管理体制机制，强化国家预警信息发布中心对各涉灾部门预警信息发布的协调管理职能，以及对国家、省、市、县级预警信息发布机构的业务管理和指导职能。推进省、市、县四级突发事件预警信息发布工作机构建设，实现突发事件预警信息发布专门机构在省级的全覆盖，强化各级突发事件预警信息发布机构职能；完善预警信息发布机制制度，完善应急预案体系，健全以预警信号为先导的应急联动机制。建立重点地区重大气象灾害预警信息"叫应"机制，落实叫应责任，充分发挥预警信号"发令枪"的作用。

（3）建设气象灾害风险防范体系

——提高气象灾害风险防范能力。参与以县级为单位的全国自然灾害综合风险与减灾能力调查，完善气象灾害风险信息上报系统和制度，建立全国气象灾害风险管理数据库；编制分灾种气象灾害风险区划图，形成数字化全国气象灾害风险地图；发展定量化的气象灾害风险评估方法和模型，提高气象灾害风险实时动态研判能力；完善暴雨强度公式，促进其在海绵城市建设的应用；开展对气候变化背景下极端灾害多发性及其影响异常性的风险分析和评估，提高气候风险研判能力；深化与金融部门合作，推动气象灾害风险评估在保险、期货等行业的应用，为开发气象灾害保险险种、保险费率厘定、保险查勘理赔等提供技术支撑。

——建立健全气象灾害风险防范制度。建立气象灾害风险普查和风险区划制度，推动地方政府定期开展气象灾害风险普查和风险区划，全面掌握气象灾害风险空间分布；建立气象灾害风险评估和气候可行性论证制度，规避城市规划和建设、重大项目和重大工程建设中存在的气象风险；建立气象灾害防御标准制修订制度，提升气象灾害高风险区域内乡村、学校、医院、居民住房、基础设施及文物保护单位的设防水平和承灾能力。建立气象灾害防御重点单位管理制度，开展重点单位和人员密集场所气象灾害防御准备认证。建立气象灾害风险分担和转移机制，开展重大灾害保险气象服务。

——强化气象灾害风险防范意识。建设气象防灾减灾知识科普库，网上气象防灾减灾科普宣教平台、虚拟体验馆和数字图书馆，打造气象防灾减灾的开放式网络共享交流平台，为公众提供知识查询、浏览及推送等服务。制定防灾减灾科普宣传教育基地建设规范，探索完善气象防灾减灾自救互救的演练模式，推动地方结合实际新建或改扩建融宣传教育、展览体验、演练实训等功能于一体的气象防灾减灾科普教育培训基地（科普馆）。支持企业建设面向公众的气象灾害防御培训演练和自救互救体验馆。引导居民根据实际条件配备简易气象灾害应急装备、设备。推动社区、企事业单位、学校、人员密集场所普遍开展气象防灾减灾的群众性应急演练。推进气象防灾减灾宣传教育进企业、进社区、进学校、进农村、进家庭、进机关，广泛开展知识宣讲、技能培训、案例解说、应急演练等多种形式的宣传教育活动，提升全民防灾减灾意识和自救互救技能。

（4）建设气象防灾减灾组织责任体系

——构建与综合减灾相适应的气象防灾减灾组织体系。健全气象防灾减灾组织领导机构，推动将气象灾害应急指挥和统筹协调职能纳入各级地方政府综合防灾减灾救灾领导机构职责中，统一指挥本行政区域的气象防灾减灾工作；健全县（区）级政府气象主管机构，明确乡（镇）级政府气象防灾减灾管理职能；完善纵向覆盖国家、省、市、县、乡、村，横向覆盖政府领导干部、相关部门负责人、重点防御企业责任人、堤围水库防汛责任人、森林防火责任人、学校负责人等的灾害防御责任人体系，建立责任人备案制度。

——构建与属地责任相适应的气象防灾减灾责任体系。建立健全气象防灾减灾政府主导机制，加强各级政府对气象灾害防御工作的领导。建立健全气象灾害防御工作的协调机制，将气象灾害的防御纳入本级国民经济和社会发展规划，所需经费列入本级财政预算；建立健全气象防灾减灾部门联动机制，推动涉及气象灾害防御部门按照职责分工，共同做好气象灾害防御工作；建立健全气象防灾减灾社会参与机制，鼓励、引导社会组织、个人和企业（重点单位和敏感单位）参加气象防灾减灾救灾活动，增强气象灾害防御意识和自救互救能力，结合国家综合防灾减灾示范社区创建工作，提高社区气象防灾减灾能力。制定各地气象防灾减灾能力和水平指标体系及评价方案，组织开展气象防灾减灾水平监测和综合评价，建立与属地管理相适应的气象防灾减灾能力考核评估机制。

——建立气象防灾减灾统筹协调机制。以国家突发事件预警信息发布平台（简称"国突平台"）为抓手，基于"一张图"、"一张网"要求，建立跨部门的防灾减灾资源统筹机制，实现部门间的减灾资源统筹规划和共建共享；强化各级气象灾害预警服务部际联席会议制度的综合协调职能，建立不同部门防灾减灾工作部署、应急指挥、舆情应对的联动协同机制；建立多部门联合会商、联合制作、联合发布制度，联合开展气象综合防灾减灾科研、开展灾害综合风险与减灾能力调查、开展气象灾害及衍生灾害的风险评估，发展学科交叉融合的气象防灾减灾技术。

——建立气象防灾减灾长效发展机制。明确各级气象防灾减灾事权和相应的公共财政保障机制，形成科学合理、职责明确的财政事权和支出责任划分体系，建立与之相适应的气象防灾减灾财政支出增长机制，实现权、责、利相统一；探索成立国家和省级气象防灾减灾的业务技术服务机构，负责气象灾害风险普查、区划和评估等业务，负责组织开展基层气象防灾减灾体系建设，负责气象防灾减灾相关标准编制，为政府拟订气象灾害防御法规、政策、规划等提供技术支撑和咨询。

（5）实施城市、农村、海洋和重点区域防灾减灾行动计划

——实施城市气象防灾减灾行动计划。以中央财政城市气象服务专项为抓手，积极争取地方财政支持，实施城市气象防灾减灾行动计划。

一是实施社区天气应急准备计划。大力发展精细到社区的智能网格化预报，常态化开展社区气象灾害风险评估，绘制社区气象灾害风险地图，建立精细到社区影响预报及风险预警业务系统；加强社区和公众灾害自我管理能力，开展社区天气观测计划，发展气象防灾减灾志愿者，动员企业和社会组织参与气象防灾减灾，建立社区气象灾害防御定期演练制度，建立社区气象灾害保险制度，注重群众性、社会性和经常性，打造一批具有特色的全国气象科普示范学校、社区。

二是实施城市天气风险防范计划。强化城市运行安全气象保障；加强对气象灾害与安全生产关联性的研究，以人员密集场所以及高安全风险行业领域、关键生产环节为重点，确定重点服务对象，紧盯重大事故隐患、重要设施和重大危险源，创新开展安全生产针对性的气象服务保障。

三是实施城市气候风险防范计划。加强 11~30 天短期气候预测能力，开展城市规划和大型工程建设项目的气候可行性论证，开展城市基础设施、人体健康、能源安全等领域气候变化风险评估和气候承载力分析，提高城市适应气候变化特别是应对极端天气和气候事件能力，保障气候安全；研究城市布局和城市功能分区的气候效应，开展区域性经济开发、重大工程建设和城市规划布局等方面的气候可行性论证。

——实施农村气象防灾减灾标准化建设行动计划。以中央财政三农服务专项为抓手，实施农村气象防灾减灾标准化行动计划，切实发挥气象在乡村振兴战略和脱贫攻坚战中的作用。

一是实现乡村气象防灾减灾组织责任体系全覆盖。构建以县级气象灾害防御指挥机构为主体，以乡镇气象工作站为单位，以自然村、气象灾害防御重点单位、气象次生灾害易发区等责任区为网格的基层气象防灾减灾组织体系。推进延伸到村和各网格点、责任区的灾害防御责任人全覆盖，建立动态管理的气象防灾减灾

责任人数据库。推动应急联动和责任传导制度化，建立气象灾害联动防御追责机制，实行政府主导、分级、分部门岗位责任制和责任追究制。

二是实现乡村气象预警信息精准到人。通过突发事件预警信息发布系统建设，推动防灾减灾预警信息服务重心向基层下移，全面提升农村抵御气象灾害的综合防范能力。建立重大气象灾害预警信息传播网络和责任体系。实现由县级气象部门传播到乡镇协理员、村信息员，再由这些传播节点传播到村各网格负责人，由村网格负责人将预警信息传播到户到人。特别要针对边远农村、山区、渔区，通过各传播节点的人际传播，努力实现预警传播无盲区、无死角。

三是提高乡村气象风险防控能力。深化乡村气象灾害风险识别和预防，绘制乡村气象防灾减灾风险地图，建立乡村气象灾害风险防范标准及防御重点区域管理制度，推动县级气象灾害防御工作机构建立乡村气象应急预案（计划）数据库，深化乡村气象防灾减灾科普知识宣传和应急准备实战演练，建立气象灾害防御明白卡制度。

四是全面提升气象助力精准脱贫攻坚能力。优先构建贫困地区乡镇全覆盖的气象灾害监测网和行政村全覆盖的气象预警信息发布与响应体系，优先强化贫困地区人工影响天气作业、智慧农业气象服务能力建设，扎实开展贫困地区清洁能源开发利用、森林草原防火、旅游资源开发等气象服务，切实减少贫困地区农民"因灾致贫、因灾返贫"的现象，为消除贫困、改善民生、实现共同富裕提供强有力的支撑和保障。

——实施海洋气象防灾减灾行动计划。以海洋气象综合保障工程为抓手，实施海洋气象防灾减灾行动计划，为建设海洋强国提供支撑和保障。

一是实施"海洋强国"气象风险防范计划。以北斗卫星、海洋传真、海洋电台作为海上预警信息有效发布主要手段，基本实现我国邻近海域预警信息发布的有效覆盖。加强天津、上海、广州三大海洋气象中心能力建设，强化台风、海上大风、海上强对流、海雾、海冰等气象灾害的综合风险分析，提升辅助决策和多部门协同的应急指挥能力。提高渔场、养殖场等特定海域灾害影响评估能力，加强海上渔业气象保障服务。建立高影响灾害性天气的港口气象灾害防御预案，对重要港口提供有针对性的气象保障服务。分析特定气象条件对港口基础设施和航线安全影响，协助海事部门完善气象灾害防御。开展针对海洋旅游服务的海洋气象要素实时监测和预警信息发布，提升旅游气象保障服务的质量和效益。

二是实施"走向深蓝"气象风险防范计划。建立适用于单点、静态海区、动态海区和应急搜救海区气象保障服务的海洋气象要素客观预报方法；主动应对国际竞争，打破国外企业在气象导航领域的技术和市场垄断，充分利用北斗卫星导航技术，研发具有完全自主知识产权的气象导航技术，为"一带一路"建设提供服务。

——实施重点区域气象防灾减灾示范计划。推动重点区域地方财政支持，落实西北区域人工影响天气能力建设项目，强化区域气象中心职能作用，实施重点城市群、长江经济带、灾害高风险区气象防灾减灾示范计划。

一是实施国家重点城市群气象防灾减灾示范计划。开展雄安新区气象防灾减灾能力示范，加强京津冀城市群、粤港澳大湾区城市群气象防灾减灾能力建设。

二是实施长江经济带气象防灾减灾示范计划。建设水上航运安全保障支撑服务系统，建设长江口及其近海航运气象服务系统，建成有特定用户（港口、船舶）参与的长江航道近海海域航运移动气象观测站，建成长江口及邻近水域航运气象数据收集平台，开发港口航运影响预报与风险预警制作与标准化发布平台，建立港口航运智能化互动开放平台。

三是实施灾害高风险区域气象防灾减灾示范计划。推进东南沿海台风灾害监测预警工程建设，推进西北区域生态保障气象服务建设。

参考文献

郭淼，张欢欢，2018. 媒介依赖与降维满足：气象灾害信息供给缝隙下的微信预警功能研究 [J]. 现代传播（中国传媒大学学报），40(11):67-70.

李金亮，2018. 农业气象灾害防御与农业气象服务体系中存在问题及其对策探讨 [J]. 南方农业，12(30):169-170.

林霖，王志强，2018. 气象可持续减贫机制探讨 [J]. 阅江学刊，10(5):23-29+143.

刘佳艺，2017. 我国气象灾害类型及防御对策分析 [J]. 城市地理 (16):188.

刘潇，刘漩，庄富娟，丛子晨，张建辉，程大伟，2018. 探究完善气象灾害防御机制的思考 [J]. 农村科学实验 (15):82+86.

倪克莹，2017. 基于公共安全管理视角的城市气象灾害防御机制研究 [J]. 农业与技术，37(18):235.

王重阳，林嘉楠，2017. 气象灾害的防御措施分析 [J]. 科技创新与应用 (26):84-85.

尹双喜，谢强，2018. 我国主要气象灾害及防御措施研究 [J]. 山西农经 (21):123.

第 7 章
深化气象灾害防御能力评估的建议

　　气象灾害防御能力评估是客观分析和认识气象灾害防御能力的重要途径。我国在气象灾害防御能力评估理论研究领域已经取得许多成果，为相关部门和气象灾害多发易发区域防灾减灾实践提供了有益参考。近年来，不断加强气象灾害防御能力建设，有效提升了气象灾害防御能力，降低了气象灾害风险。但气象灾害防御能力评估在实践中还存在较多问题，需要进一步深化和完善。

7.1　评估应根植于气象灾害防御能力建设实践

7.1.1　气象灾害防御能力评估从实践到理论的演变

　　我国是一个气象灾害多发频发的国家，对气象灾害防御能力建设一直十分重视。20 世纪 80 年代以前，我国主要采取统计上报、灾害调查、现场勘查和数据分析等方法，对气象灾害防御能力进行了比较直观的分析评估。同时，也存在理论认识不够深入的问题，分析评估的全面性、系统性和相关性研究明显不足。因此，在 20 世纪 80 年代末，特别是 90 年代，国际上有关气象灾害评估的理论与方法的引入，为我国气象灾害评估提供了可供借鉴的理论与方法，不仅丰富了气象灾害评估理论，还促进了气象灾害评估业务的发展。

　　但是，经过近 30 年的发展，在气象灾害评估领域仍然需要进行必要的反思。仅从气象灾害防御能力评估来看，现行理论研究均应根植于气象灾害防御能力建设的实践。也就是说，气象灾害防御能力评估的理论研究，必须以气象灾害防御能力建设实践为基础，并为实践服务。显然，我国现行气象灾害防御能力评估理论研究在为实践服务方面存在较大差距，立足实践、面向实践和服务实践的观念还不够牢固。最明显的问题就是有较多研究主要套用国际灾害评估理论与方法，再结合所获取数据选取相应案例进行评估，把我国气象灾害防御实践套用在西方的框架与模式之中。这样所形成的评估结论看似科学，但实用性不高，有的甚至基本没有应用价值。

在我国，目前主要由大学和公益性的科技事业机构开展气象灾害评估理论研究。由于受到研究环境的影响，部分学者主要以"国际一流""国际热点""国际接轨"而自居，将国外研究的理论与方法、方向奉为"正确标准"与"方向"而"引进"，既因与西方"主流理论"一致而被国际接受，成果在国际刊物上发表，又容易因学术价值而获得国内学界的认同。尤其在项目评审和职称评定中，有些申请人和部分评委专家，都非常看重发表于国外期刊的论文，看重西方理论和方法，往往忽略了实际应用的意义。在这种评价的引导下，出现了一些只生产论文而不解决实际问题的成果。这种现象在气象灾害评估和气象灾害防御能力评估研究中也不同程度地存在。要深化气象灾害防御能力评估研究，就必须彻底改变这种状况。新时代，气象灾害防御面临新的形势，国家对气象灾害防御能力提出了新要求。无论引入西方灾害防御理论，还是总结具有中国特色的灾害防御理论，抑或自创灾害防御理论，都必须立足于解决我国气象灾害防御能力实践问题。这是气象灾害理论研究的根本立足点和出发点。

当然，在我国气象灾害研究中也有一些比较好的典型，如中国社会科学院生态文明研究所的一批学者，对国外气象灾害理论研究进展非常熟悉，在研究我国气象灾害时，也非常注重与实际工作部门合作，并直接到灾害发生地进行深入调研，从实践中思考理论问题，所产生的研究成果不仅能有效指导我国灾害防御实践，更在国际上产生了影响力。中国社会科学院和中国气象局的专家联合编撰的《气候变化绿皮书》，到2019年已经连续11次发布。绿皮书主要内容涉及气候变化和气象灾害方面，一般包括专题评价篇、国际篇、国内篇以及专论篇，分别就中国城市绿色低碳发展成效和气象灾害防御、国际应对气候变化进程、国内应对气候变化行动、气候变化专题研究等内容进行深入分析。可以说，绿皮书汇集了国内外应对气候变化的最新科学进展、政策、应用实践等，对指导我国应对气候变化和提升气象灾害防御能力发挥了重要作用。

由于气象灾害研究涉及的范围非常广泛，除《气候变化绿皮书》外，还有许多能有效指导我国气象灾害防御能力建设的研究成果。但从总体上讲，类似成果还不够多，与新时代气象灾害防御能力建设要求还有差距，还需要更多根植于气象灾害防御实践所形成的研究成果，尤其是根植于气象灾害防御能力评估实践应用的研究成果。

7.1.2　气象灾害防御能力评估应立足于应用

气象灾害防御能力评估是一种多属性综合评估，其评估成果应立足于为政府部门决策和形成社会共识之用。

一是为各级政府组织和决策气象灾害防御能力建设提供评估成果。在经济社会高度发达和气象灾害发生异常复杂的情况下，组织和决策气象灾害防御能力建设，必须首先对防御能力现状、灾害发生现状，以及防御能力方面存在的问题和应对措施进行科学评估。这方面的评估研究，一方面，需要有系统的科学理论指导；另一方面，需要立足于我国气象灾害防御能力建设实践，特别是需要用实践来说明问题，并检验理论的科学性，而不是把生动的实践简单地套入既有的评估理论框架下。目前，国内立足于气象灾害防御能力建设实践方面的综合性评估研究成果还不够多，这是今后需要努力的方向。

二是为有针对性地解决气象灾害防御能力建设提供单项评估成果。气象灾害防御能力建设是一项系统工程，涉及的领域非常广泛，要全面、系统和客观地开展立足于实践应用的气象灾害防御能力评估，在获取数据、获取资料和把握现状等诸多方面存在困难。因此，在实践中可以实施针对单灾种对某行业或某类成灾现象影响进行分析，进行单项防御能力评估，如针对降水引发城市积涝、冰雪灾害引发交通事故等进行防御能力评估。这类评估由于具有针对性，所形成的评估成果将拥有更显著的应用价值。

7.2　推进气象灾害防御能力评估业务化

7.2.1　气象灾害防御能力评估业务化的重要性

气象灾害防御能力评估不仅是一个理论研究问题，更是一个实践问题。气象灾害防御能力评估最根本的目的，是为促进全面加强气象灾害防御能力建设提供科学依据。要真正达到这个目的并非易事，并不是开展一些气象灾害防御能力评估理论研究，或者撰写几篇气象灾害防御能力建设咨询报告就可以实现的。气象灾害防御能力评估必须业务化，并在一定理论指导下，针对气象灾害防御能力建设的不同内容开展经常化和机制化的评估。这是由气象灾害防御的综合性、复杂性、变化性和经常性等特征决定的，气象灾害防御必须充分依据这些特征而有针对性地开展能力建设。

从气象灾害防御综合性分析，气象灾害防御要考虑孕灾因子、孕灾环境、承灾体和非工程性防御能力等诸多因素。这些因素既有相对稳定性，也有较大变化性。研究综合性气象灾害防御需要有一定的理论指导，但它必须能解决气象灾害防御能力建设的实践问题。这就需要研究者到气象灾害防御第一线的各个环节调研和掌握实际情况，全面掌握各涉灾部门实时、动态的真实数据和资料。在此基础上才能有效地开展评估研究，才能客观真实地反映出气象灾害防御中存在的短板和不足，为科学地、有针对性地提出能力建设提供支撑。要达到这个要求，就必须建立相对稳定的综合类气象灾害评估业务，包括建立气象灾害防御能力评估业务。要发挥政府部门在气象灾害评估中的组织和领导作用，这有利于避免单一的理论评估研究理想化，也有利于避免单纯为争取灾害防御能力建设项目而开展评估现象的发生。

从气象灾害防御复杂性分析，气象灾害防御涉及防灾减灾规划与建设、灾前准备、临灾应急、灾中应急处置、灾后恢复等一系列复杂问题，这些问题的解决需要建立在科学评估的基础上。传统的单纯依靠决策者经验的方法，不能适应现代气象灾害防御的要求。例如在规划与建设气象灾害防御能力问题上，由于受传统技术水平和认识水平的限制，为简便从事，降低成本，长期以来一些规划和建设在考虑规划体和建筑（构）体气象灾害防御问题时，所使用的气象数据大都并非本地实测数据，而是相距几十公里，甚至上百公里以外的气象数据，而且也不是连续30年以上的气候数据。这样做对一般性规划和建设可能影响不大，但对于关键基础设施的规划和建设却有重大影响。进入21世纪以来，我国一些城市不断遭受水患，城市运行、居民生活秩序因水涝而受到严重干扰。主要原因之一就是关键基础设施如城市排水系统在规划和建设前整体上缺乏合理的气象灾害防御评估。这已经成为很多城市建设发展应吸取的教训。再如现在要修建的飞机场越来越多，按照现行规定需要进行许多法定性的论证。但由于气候可行性论证并没有法定强制性，在实际工作中对机场建设气候可行性论证并不重视，只是按照既定的决策意图走过场。其实，建造飞机场是一项非常特殊的建设活动，飞机起飞、降落和停靠，会受到大雾、雷电、大风和暴雨等气象条件的直接影响。如果把机场选址在山头、水边、风口、雷电高发区，必然影响飞机安全或者正常航行。因此，必须进行机场选址气候可行性论证。同样在机场建设中也存在因缺乏论证而产生的教训。涉及重大规划和建设的气候可行性论证，实际上是气象灾害防御的最前端的评估，更能体现气象灾害防御"重在防"的原则。但开展气候可行性论证技术要求高，责任大，必须有专业队伍，并形成常态化的评估业务，随时为一些重大规划和工程建设开展评估论证工作。

　　以上主要阐述了重大规划与建设的气象灾害防御评估问题，涉及灾前准备、临灾应急、灾中应急处置、灾后恢复等问题。气象灾害防御的变化性和经常性特征都要求建立相应评估业务，为科学决策提供支撑。

7.2.2　气象灾害防御能力评估业务化的基础性工作

　　推进气象灾害防御能力建设评估业务，重点需要做好以下基础性工作。

　　一是开展气象灾害普查和隐患排查。各级人民政府应按照国家防灾减灾有关规划和要求，统筹考虑当地自然灾害特点，组织有关部门认真开展气象灾害风险普查工作，全面调查收集本行政区域历史上发生气象灾害的种类、频次、强度、造成的损失以及可能引发气象灾害及次生衍生灾害的因素等，建立气象灾害风险数据库。加强灾害分析评估，根据灾害分布情况、易发区域、主要致灾因子等逐步建立气象灾害风险区划，有针对性地制定和完善气象防灾减灾措施。同时，应认真组织开展气象灾害隐患排查，深入查找抗灾减灾工程设施、技术装备、物资储备、组织体系、抢险队伍等方面存在的隐患和薄弱环节，制定整改计划，并落实整改责任和措施。

　　二是建立气象灾害防灾减灾基础数据库。各地区、各有关部门应结合实际，对河堤、湖堤、海堤、水库、防风林、城市排水设施、避风港口、紧急避难场所等气象灾害防御基础设施的建设情况，以及疏通河道、病险水库、堤防和海塘等除险加固情况建立数据库，为开展承灾体防御能力评估提供第一手数据。着重建设气象灾害孕灾环境、承灾体、灾情数据库等。通过遥感技术和地理信息系统（GIS）技术，并与相关部门合作，建立格点化的地形影响度、水系影响度、植被覆盖度等孕灾环境及农田、建筑物、交通系统、电力系统、水利系统、城市网管及生命线设施等数据库，每3~5年更新一次。就省级来讲，气象数据应由省级气象业务部门建立，省级气象部门还应以遥感技术和GIS技术为依托，提取相关孕灾环境信息和农田、土地利用等格点信息。开展专项评估的同时还要调查分析专项承灾体，市、县级气象部门应充分调查辖域内的气象灾害承灾体。

三是建立部门协调运行能力评估业务。现阶段气象灾害防御能力是以建立健全党委领导、政府主导、部门联动、社会参与的气象灾害防御机制为基础，充分发挥各部门、各地区、各行业的作用，综合运用科技、行政、法律等手段，着力加强气象灾害监测预报预警服务、应对准备、应急处置工作，提高全社会防灾减灾意识，从而全面提高气象灾害防御能力，保障人民生命财产安全、经济发展和社会和谐稳定。气象、应急管理、水利、自然资源、生态环境、林业、民政、交通、城乡住建、卫生、通信和新闻等部门联动或各自独立应对气象灾害防御的组织能力的高低，直接关系着当地人民群众的生命财产安全和经济社会的发展。因此，应由有关部门对气象防灾减灾履职情况、协调联动情况等进行评估，提高政府相关部门的气象灾害防御能力。

四是建立以气候可行性论证业务为重点的各项气象评估业务。各级气象主管机构要依法组织开展对城市规划、重大基础设施建设、公共工程建设、重点领域或区域发展建设规划的气候可行性论证。有关部门在规划编制和项目立项时要统筹考虑气候可行性和气象灾害的风险性，避免和减少气象灾害、气候变化对重要设施和工程项目的影响。气候可行性论证业务是气象灾害防御最前端的关口，因此应优先建立。涉及气象灾害防御的各职能部门都应结合分管职能，建立相应气象灾害防御评估业务，包括对本系统气象灾害防御能力的评估，为综合或专项推进气象灾害防御能力建设提供科学支撑。

五是组建或依托有关机构推进气象灾害评估业务常态化。包括气象灾害防御能力在内的气象灾害评估，需要评估的内容很多，技术要求很高，必须建立相应的专业机构和队伍。一些直接涉及气象灾害防御的管理部门应组织专门机构和专家队伍，开展业务化的气象灾害防御能力评估，及时为决策提供服务。一些易受气象灾害影响和威胁的行业和部门，可自行组织或委托相关机构，对气象灾害防御能力进行定期或不定期评估，为本行业和本部门气象灾害防御能力建设决策提供服务。同时，应制定政策支持社会力量参与气象灾害评估，包括参与气象灾害防御能力评估。

六是完善气象灾害防御能力评估业务机构与队伍建设。气象灾害防御能力评估应有专门的机构和队伍来实施。加强管理和组织协调，建立运行顺畅、高效的评估业务运行机制和管理模式，有条件的有关部门应组建或联合组建气象灾害防御能力评估的业务机构，也可以由第三方具备相应评估能力的机构开展评估工作。同时，强化气象灾害防御能力评估队伍建设，扩充队伍总量，优化队伍结构，完善队伍管理，提高队伍素质。加强高等教育自然灾害及风险管理相关学科建设，扩大相关专业研究生和本科生规模，注重专业技术人才、急需紧缺型人才和复合型人才培养。加强气象灾害防御能力评估专家队伍建设，充分发挥专家在评估中的参谋咨询作用。

7.3 发展气象灾害防御能力评估社会力量

7.3.1 社会力量参与气象灾害防御能力评估的意义

经济社会发展为社会力量参与气象灾害防御能力评估提供了机遇。气象灾害评估涉及范围十分广泛，必须支持和发展社会力量参与。2016 年 12 月，中共中央、国务院印发《关于推进防灾减灾救灾体制机制改革的意见》，进一步提出健全社会力量参与的机制，构建多方参与的社会化防灾减灾救灾格局，其中社会力量包括社会组织、社会工作者、社区自治组织、企业、志愿者等。社会力量在气象灾害防御能力评估中具有不可或缺的作用。

社会力量参与气象灾害防御能力评估的构建，摒弃"无限政府"的观念。尽管积极应对气象灾害是政府的重要职责之一，而且因其拥有的强制力和资源动员能力，政府在气象灾害防御工作中处于组织和管理的核心和主导地位，但是目前也存在经费投入不足、科技支撑作用发挥不够等问题，无法完全满足气象灾害防御能力评估的需求。另外，一些气象灾害影响的地域和人群广泛，且复杂多样，政府防御往往难以回应所有的社会需求。比如，一些气象灾害发生在边远山区或是贫困地区，事故过程和后果都有高度不确定性，使得气象灾害防御与灾民需求信息难以匹配，服务往往难以有效供给，这为社会力量参与提供了机会和空间。

社会力量参与气象灾害防御能力评估有其自身的优势。一是社会力量可根据气象灾害防御能力评估对象的特殊性，因时因地因对象制定能满足评估对象要求的评估方案；二是在市场机制促进下，有利于吸纳专业人才，有利于促进气象灾害防御能力评估和气象灾害评估专业化；三是有利于提升评估效率，可以克服政府组织的评估机构有的项目承担不了、评估效果不好的局限。

随着气象灾害评估不断深入，政府部门应加大力度支持发展社会力量参与气象灾害防御能力评估，政府部门和有关行业既可以通过购买服务的方式，让社会力量承担气象灾害防御能力评估，也可以联合社会力量共同承担气象灾害防御能力评估任务。

7.3.2 推进气象灾害防御能力第三方评估制度建设

有序推进社会力量参与气象灾害防御能力评估，这就要求建立和完善气象灾害防御能力第三方评估制度。世界许多国家或者组织都在进行气象灾害防御相关能力评估实践，例如，WMO进行了国家尺度的气象和水文部门灾害减灾能力评估，美国联邦应急管理局（Federal Emergency Management Agency, FEMA）进行了州际尺度的灾害应急能力评估。这些评估都是通过执行主体对评估对象自身进行的自评，实际发挥的是自我监督作用。但是，为了做到客观公正，使气象灾害防御能力评估结果发挥管理和监督的作用，应该引入第三方评估机制。

第三方评估机制能否落实好需要制度的跟进和保障。首先，第三方评估机制是为了引入众多的参与单位，更多地倾听服务单位和社会公众的评价；其次，第三方评估机制该由谁来监督、评估机构能否胜任职责都是应该考虑的问题；最后，第三方机构该由谁来指派，这关系到第三方评估机制的公正性，而第三方评估机构工作能否顺利开展，则需要顶层制度设计的保障。

建立平台，协调第三方参与气象灾害防御能力评估，主要是做好管理服务、信息共享、沟通协调。一是做好管理服务，对正式注册参与气象灾害防御能力评估的第三方进行规范化管理。按照专业领域和特长对第三方分类统计和认定，以备在不同的地域和阶段调用；对第三方提供政策咨询、人才管理、人员培训、法律维权、评估调研等公共服务事项。二是做好信息共享，搭建资源信息共享平台，引导评估需求与社会服务有效对接。政府与第三方在第一时间都将自己收集到的信息上传，以便双方都能够了解信息，从而弥补自身对有关信息的存在盲区。三是做好沟通协调，在政府和第三方之间建立有效的合作机制。搭建多方沟通桥梁，畅通信息流通渠道，保证在评估合作时的顺畅沟通。在气象灾害防御能力评估时，统一协调力量、统一调配资源，形成评估合力。

发展第三方气象灾害防御能力评估，需要政府和社会加大投入和支持力度，注重不同领域第三方的分类发展，建立多层次、不同梯队和领域的第三方评估队伍。一是各级政府结合需求和财力等加大培育和支持力度。当前购买服务已经成为政府进行治理创新和提供公共服务的政策工具之一。二是行业协会扮演支持性组织的角色，推动整个气象灾害防御能力评估第三方的发展。一些聚焦救灾救援领域的基金会已有一些探索，这将有助于提升气象灾害防御评估能力。

多措并举，激发第三方参与气象灾害防御能力评估热情。采用市场化方式，以合同、付费购买等形式开展气象灾害防御能力评估，提高评估效率、降低评估成本。将第三方参与气象灾害防御能力评估纳入政府购买服务范围，进一步完善政府购买服务制度，明确购买服务的内容和方式，支持第三方参与评估工作。同时，各地政府还可以结合实际情况在第三方物资采购、储备调运、保险税收、业务培训等方面制定配套制度予以扶持，提高其参与气象灾害防御能力评估的积极性。

7.4　推进气象灾害防御能力评估结果应用

气象灾害防御能力评估不能只满足于对气象灾害防御能力的认识，更不能止于气象灾害防御能力评估所形成的评估结果，而应加强对能力评估的结果应用，从而有针对性地进一步推进气象灾害防御能力建设，促使气象灾害防御达到最佳效果。气象灾害防御能力评估结果能否转化为应用，一方面，取决于评估结果本身是否具有应用价值和是否便于直接转化应用；另一方面，取决于决策者在作出有关气象灾害防御能力建设决策时是否参考和应用评估结果。

7.4.1　建立决策者应用评估结果机制

气象灾害防御能力评估结果直面决策问题，一般要求决策者必须根据评估结果，制定相应的气象灾害防御能力建设决策方案，以推进气象灾害防御能力建设，在实践中应把这种要求具体化和机制化。在这方面或许可以借鉴美国国家海洋与大气管理局（NOAA）制定的"风暴就序计划"[①]。该计划由美国气象部门会同紧急事件应急管理部门等组织的评估认证委员会，对社区是否具备风暴就序条件进行

---

① "风暴就序计划"指通过加强社区的建设，使得社区拥有应对风暴灾害的能力。

评估认证。评估内容非常具体，涉及内容主要包括 5 个方面：①社区建立 24 小时警报接收点和应急中心；②建立与国家气象部门的通信联系，以便利用多种手段接收灾害警报和相关信息；③公共场所配备必要的能自动报警的国家海洋与大气管理局天气广播接收机和警报装置；④建立本地区的气象条件监测系统，包括通过网络获取当地的天气监测信息（雷达、卫星、地面、水文探测资料、当地观测站等）；⑤制定灾害响应方案，并面向公众经常性地开展灾害应急、天气与安全等知识培训和演示。认证期限一般为 3 年。在认证失效前 6 个月，要根据最新的认证条件重新申请风暴就序认证，以确保风暴就序计划适应发展变化。据统计，美国 47 个州、929 个社区已经获得此项认证。这项评估具有较强的针对性，能够有效地提高社区风暴防灾能力。当然，美国还有其他灾害防御计划，如"流域保护与防洪贷款计划""流域保护与防洪计划""全国洪水保险计划""地震与台风应急计划"等，制定这些计划时都相应地参考或直接应用了相关评估研究结果。这方面值得我国气象灾害防御能力建设决策时借鉴。

提升气象灾害防御能力管理，将气象灾害防御关口前移，就需要充分发挥气象灾害防御能力评估结果的导向性和刚性约束作用。坚持政府主导的原则，把解决评估结果应用涉及的决策问题考核纳入政府目标考核内容，将评估结果应用与领导干部综合考核有机结合。通过结果运用，充分调动各方面的积极性，使大家不仅重视气象灾害防御能力评估，而且更加注重气象灾害防御能力评估结果的应用。

7.4.2 推进灾害防御能力评估结果应用

气象灾害防御既有政府和区域宏观层面的行动，也有社区、乡村和生产生活空间微观层面的行动。开展城乡社区和生产生活空间微观层面的气象灾害防御能力评估，更应立足于应用。一些公共车站、机场、港口、仓库、管道、道路、工地、学校、医院、商场、大中型企业等均应根据当地气象灾害发生情况，开展有针对性和实用性的气象灾害防御能力评估，并应用评估成果系统解决气象灾害防御能力建设问题。

气象灾害防御能力评估结果应坚持政府信息公开的通用原则，即"以公开为原则、不公开为例外"，气象灾害防御能力评估结果一般应予公开。公开的方式可分为向政府部门公开和向社会公开。

对涉及政府决策的气象灾害防御能力评估结果应向政府和相关部门公开，便于政府和相关部门制定气象灾害风险降低和防御规划，合理配置公共资源，采取相应的防御措施，逐步降低气象灾害风险。

除此之外的气象灾害防御能力评估结果都应向社会公开，应完善信息发布制度，拓宽信息发布渠道，确保公众知情权，提高社会公众的气象灾害防御意识。应针对气象灾害和突发事件，建立规范化、标准化的气象灾害防御能力评估结果信息发布机制，拓宽信息发布渠道和范围，并提出有效应对气象灾害和突发事件的指导性意见。

同时，随着互联网和新媒体的发展，大大提升了信息传播速度，有利于完善气象灾害防御能力评估结果信息公开制度。这不仅有助于政府和相关部门以最快速度采取行动，实施有针对性的防御措施、补齐能力建设短板，也有利于公众及时了解情况。

7.5　完善气象灾害防御能力评估法治保障

7.5.1　进一步完善气象灾害防御能力评估法规体系

现阶段，气象灾害防御能力评估已经从 20 世纪 90 年代的理论研究和探索阶段，逐渐转入理论研究与实践应用紧密结合且更重视实践应用的阶段。需要更加重视气象灾害防御能力评估工作，对评估的标准、流程、成果应用等进行规范，提升评估质量，推进评估结果的应用。

为有序地推进气象灾害防御能力评估工作，2012 年，《江苏省气象灾害评估管理办法》正式发布，对本行政区域内可能或者已经发生的，对人民生命财产安全、经济社会发展产生明显影响的气象灾害评估活动，以及对城乡规划、重点领域或者区域发展建设规划和与气象条件密切相关的建设项目进行的气候适宜性、气象灾害风险性、局地气候影响等分析、评估活动进行了规范。

《江苏省气象灾害评估管理办法》规定了县级以上地方人民政府对气象灾害评估组织、领导和协调的责任，以及县级以上气象主管机构的工作职责；还规定县级以上地方人民政府发展改革、民政、城乡规划、建设、交通运输、农业、水利、安监、海洋渔业等有关部门应在各自职责范围内做好气象灾害评估相关工作。

《江苏省气象灾害评估管理办法》规定，气象主管机构应当对可能发生或者已经发生的重大气象灾害，组织专业机构开展灾前、灾中、灾后评估，并将评估报告报送本级人民政府和上一级气象主管机构，为组织防御和应急处置提供决策依据。县级以上地方人民政府应当根据重大气象灾害灾前评估报告，确定气象灾害危险区，及时向社会公告，发布预警信息，并采取避险减灾措施。发生重大气象灾害时，所在区域的县级以上地方人民政府应当根据重大气象灾害发展变化情况，组织气象、自然资源、水利、环保、海洋渔业等有关部门及其所属的观（监）测站点，适时开展跨区域、跨部门的联合加密观测，为气象灾害评估和防灾减灾提供基础数据。重大气象灾害结束后，所在区域的县级以上地方人民政府应当组织有关部门对气象灾害的影响程度、造成的损失进行分析、评估，为救灾和恢复重建工作提供决策依据。对于一些受气候及气象灾害影响较大的工程项目，建设单位应当根据项目所处的气象灾害风险区域，结合气象灾害的种类、特点，委托具有从事气象灾害评估能力的评估单位进行气象灾害评估。对需要进行气象灾害评估的建设项目却未开展评估的，由气象主管机构责令其改正，拒不改正的，按照国家有关规定予以处理。对违反《江苏省气象灾害评估管理办法》的相关行为将视情节给予相应的处理。

除江苏省外，《山东省气象灾害评估管理办法》《甘肃省气象灾害风险评估管理办法》分别于 2014 年和 2015 年颁布实施。这些规范性文件具有很强的针对性和操作性，为当地气象灾害评估提供了法规依据，也为国家制定相关条例提供了实践基础。从全国范围考虑，依据《中华人民共和国气象法》《气象灾害防御条例》，以及中共中央、国务院《关于推进防灾减灾救灾体制机制改革的意见》，可制定全国性《气象灾害评估条例》，建立气象灾害防御能力评估制度，规范评估的范围、管理、监督，健全气象灾害灾情收集调查机制，定期开展气象灾害防御普查分析和排查工作，摸清各地气象灾害的隐患点、脆弱区和致灾临界气象条件。建立气象灾害防御能力评价指标和评估制度，加强各类气象灾害防御能力评估，形成气象灾害风险调查、风险分析、防御能力评价三合一的评估体系，推动气象灾害预报预警向气象灾害风险评估延伸。厘清与评估工作相关的政府部门、机构、单位、公众的各项权利、义务及责任。明确气象部门在气象灾害防御能力评估工作中的实施主体和监督主体地位，并制定相应的罚则，强调气象灾害防御能力评估的重要性和必要性。

7.5.2　推进气象灾害防御能力评估标准化建设

目前，已颁布的与防灾、救灾、损失评估等技术方面相关的标准较多，而涉及气象灾害防御能力评估的相对较少。气象灾害致灾因子识别、灾害评估、灾害防御、灾害救助、恢复重建等是一个灾害综合管理的过程，现有的气象灾害防御能力评估标准尚不成熟，应加快构建以国家标准和行业标准为主体的气象灾害防御能力评估标准体系建设，根据气象灾害种类及风险区划，提供完整、准确的气象数据，为制定或修订相关标准提供依据，增强气象灾害防御的科学性、规范化、标准化。评估标准中应包含气象灾害监测预警能力建设、气象灾害风险防范能力建设、气象灾害防御组织责任体系建设等内容，明确具体指标和评估内容。

应建立和制定评估指南。气象灾害防御能力评估指南是重要的评估技术规范，与法律规范相配套。灾害风险管理较为成熟的国家和地区都很重视灾害风险评估指南的制定，以评估指南为指引，确保灾害防御评估工作的统一规范，实现各层级、地方和部门的统一兼容，实现对评估的全过程精细化、标准化、空间化管理。我国目前尚未制定国家和地方气象灾害防御能力评估指南，因此应尽快制定评估指南，对评估工作要求，评估的内容、程序与方法，评估结果的运用，各级各类评估示例，评估标准，评估报告书编写内容、要求、方法及示例等进行统一规范。

7.5.3　进一步完善气象灾害防御能力评估制度体系

一是规范气象灾害防御能力评估监管体制。《气象灾害防御条例》第 10 条规定了我国气象灾害风险评估的组织管理体制，即县级以上地方人民政府对评估负组织责任、气象等有关部门负责评估具体实施。制度设计上应明确关于评估监督机构的相关规定。

二是明确评估机构的责任。气象灾害防御能力评估机构是指接受委托为气象灾害防御能力评估提供技术服务的机构。目前立法中只规定了评估具体实施部门为气象等有关部门，尚未规定各类评估机构，也尚未体现根据不同评估对象确定不同评估机构的理念，尚未赋予第三方机构开展气象灾害防御能力评估的资格和权利，缺乏相关授权、管理和监督条款。

三是统一和规范评估程序。气象灾害防御能力评估本身是一项技术性很强的工作，要保证该项工作能够有序开展，必须制定规范的评估程序，以利于管理监督和保护被评估对象的合法权益。

四是建立完善社会力量参与评估机制。社会力量参与气象灾害防御能力评估有利于防止政府滥用职权、盲目决策，防止暗箱和违规操作。对社会力量参与气象灾害防御能力评估的权利、义务和责任，参与的范围、内容、方式和程序，参与效力等应作出相应规定。

参考文献

陈海燕，雷小途，潘劲松，等，2018. 气象灾害风险评估业务发展研究 [J]. 气象科技进展，8(4):15-21.

国务院办公厅，2007. 关于进一步加强气象灾害防御工作的意见（国办发〔2007〕49 号 ）[A/OL].(2007-07-05)[2018-04-04]. http://www.gov.cn/gongbao/content/2007/content_719883.htm.

国务院办公厅，2011. 关于印发国家综合防灾减灾规划（2011—2015 年 ）的通知（ 国办发〔2011〕55 号 ）[A/OL].(2011-11-26)[2018-04-04]. http://www.gov.cn/gongbao/content/2011/content_2020917.htm.

国务院法制办公室，中国气象局，2010. 气象灾害防御条例释义 [M]. 北京：中国法制出版社 .

黎健，2006. 对美国灾害应急管理体系的考察与思考 [J]. 气象与减灾研究 (1):38-43.

李宁，李春华，胡爱军，等，2017. 气象灾害防御能力评估理论与实证研究 [M]. 北京：科学出版社 .

李一行，刘兴业，2019. 自然灾害防治综合立法研究：定位、理念与制度 [J]. 灾害学，34(4):172-175.

刘杰，2018. 如何让社会力量更好参与应急管理 [N]. 学习时报，2018-09-03(3).

吕明辉，赵慧霞，张晓美，等，2021. 基于综合灾害风险防范模式的台风灾害防御效益评价研究初探 [J]. 灾害学，36(1):157-163.

彭莹辉，2017. 气象灾害非工程性防御研究 [M]. 北京：气象出版社 .

孙健，裴顺强，2011. 中国气象灾害防御体系建设和发展 [C]// 国际应急管理学会中国委员会 .2011 国际 (上海) 城市公共安全高层论坛暨 TIEMS 中国委员会第二届年会论文集：25-30.

田慧，吴岚，2017. 我国气象灾害防御的法治化探析 [J]. 现代农业科技 (10):201-204.

王志强，2013. 有效防御气象灾害的法制建设研究 [J]. 阅江学刊 (3):26-30.

邢宇宙，2017. 协同治理视角下我国社会组织参与灾害救援的实现机制 [J]. 行政管理改革 (8):59-63.

薛澜，刘冰，2013. 应急管理体系新挑战及其顶层设计 [J]. 国家行政学院学报 (1):10-14.

杨惜春，肖子牛，张钛仁，2013. 我国气象灾害风险评估立法环境与需求 [J]. 气象科技进展，3(5):63-66.

袁琳，2009. 气象灾害应急管理研究 [D]. 天津：天津大学 .

张庆阳，2015. 国外气象灾害防御立法及其我国取向建议 [J]. 防灾博览 (3):60-65.

张小明，2015. 我国减灾救灾应急资源管理能力建设研究 [J]. 中国减灾 (3):38-43.

中国气象局，国家发展和改革委员会，2010. 关于印发《国家气象灾害防御规划（2009—2020 年）》的通知（气发〔2010〕7 号）[A].2010-01-09.